SCHADSTOFFE UND UMWELT

Band 7

Kombinationswirkungen von Umweltfaktoren

Untersuchung der Einwirkungen physikalischer und chemischer Noxen auf den Organismus

Von
Dr. sc. nat. Wolfgang Henkel

ERICH SCHMIDT VERLAG

Die Deutsche Bibliothek – CIP-Einheitsaufnahme

Henkel, Wolfgang:
Kombinationswirkungen von Umweltfaktoren : Untersuchung der Einwirkungen physikalischer und chemischer Noxen auf den Organismus / von Wolfgang Henkel. – Berlin : Erich Schmidt, 1991
(Schadstoffe und Umwelt ; Bd. 7)
ISBN 3-503-03279-7
NE: GT

ISBN 3 503 03279 7

Dieses Buch ist auf säurefreiem Papier gedruckt
und entspricht den Frankfurter Forderungen zur Verwendung
alterungsbeständiger Papiere für die Buchherstellung.

Druck: Regensberg, Münster

Geleitwort

Die Belastungen im Arbeitsprozeß sind dadurch charakterisiert, daß eine Vielzahl von Faktoren auf den Arbeitnehmer einwirken.

Doch sowohl bei epidemiologischen Untersuchungen als auch bei Tierexperimenten wurde fast immer nur ein Einflußfaktor berücksichtigt, so Lärm, Vibration, Blei, Quecksilber, Benzen, Formaldehyd, um nur einige zu nennen.

Der Gesetzgeber hat Grenzwerte für einwirkende Schadfaktoren in Vorschriften und Richtlinien festgelegt.

Im allgemeinen kann davon ausgegangen werden, daß berufsbedingte Erkrankungen durch einwirkende Noxen bei Einhaltung des jeweiligen Grenzwertes auszuschließen sind.

Da jedoch die Arbeitsumweltfaktoren isoliert betrachtet wurden, gelten die Standards deshalb eigentlich nur für den Fall eben dieser Einzeleinwirkung einer Noxe. In der Umwelt wirken allerdings mehrere Faktoren auf den Menschen ein und deren Wirkungen können sich nicht nur addieren, sondern es kann unter Umständen eine überadditive Kombinationswirkung resultieren.

Um dieser Situation Rechnung zu tragen, sind noch intensive Untersuchungen erforderlich. Die hier vorgelegte Studie leistet dazu einen Beitrag.

Es wird eine Methodik zur Untersuchung und Bewertung von Kombinationswirkungen von Umweltfaktoren beschrieben und in praktischen Beispielen angewandt.

Der Verfasser hat als Basis zur Beurteilung von Belastungsuntersuchungen den Organismus als biokybernetisches System mit input und output angesehen.

Die Eingangsgrößen sind dabei die Intensität einer physikalischen und die Dosis einer chemischen Noxe.

Die Ausgangsgrößen sind die Veränderungen physiologischer bzw. biochemischer, im Rahmen des Metabolismus chemischer Substanzen auftretender, Parameter.

So ist eine Risikobeurteilung für mehrfach durch Noxen exponierte Arbeitnehmer möglich.

Doch Untersuchungen zur kombinierten Wirkung von Umweltfaktoren sind nicht nur von arbeitsmedizinischer Relevanz, sondern auch für die Kommunalhygiene, die Pharmakologie, die Toxikologie und die Biowissenschaften von Interesse.

Seinen Niederschlag fand dies auch auf zahlreichen internationalen Veranstaltungen in Europa, Amerika und Asien.

Wünschenswert ist eine umfangreiche Berücksichtigung und Bewertung vom Kombinationswirkungen der vielfältigen Umweltfaktoren. Anregungen dazu kann die vorliegende Studie vermitteln.

Halle, im Mai 1991 Prof. em. Dr. sc.med. Ursularenate Renker

Vorwort

Die vorliegende Arbeit basiert auf der Promotion-B-Schrift, die der Verfasser der Fakultät für Naturwissenschaften des Wissenschaftlichen Rates der Martin-Luther-Universität Halle-Wittenberg vorgelegt hat und die von der Fakultät als schriftliche Leistung im Rahmen des Promotion-B-Verfahrens anerkannt wurde.

Der Verfasser möchte an dieser Stelle Frau Professor Dr. sc.med. U. Renker seinen herzlichen Dank für die großzügige Unterstützung bei der Anfertigung der vorliegenden Arbeit aussprechen.

Herrn Professor Dr. sc.nat. J. Adam und Herrn Professor Dr. rer.nat.habil. J. Struss † danke ich für wertvolle Hinweise.

Herrn Dozent Dr. sc.nat. H.-G. Mletzko bin ich für die gute Zusammenarbeit bei gemeinsam durchgeführten Experimenten und für weiterführende Diskussionen zu besonderem Dank verpflichtet.

Mein Dank gilt auch Herrn Professor Dr. sc.med. G. Wagner, Herrn Dozent Dr. sc.med. P. Meinhart und Herrn Dozent Dr. sc.med. H. Rublack für die Unterstützung bei speziellen Untersuchungen, Herrn Dr. sc.nat. H.-P. Wortha für die Hilfe bei statistischen Analysen und Herrn Dipl.-Physiker E. Morgenstern für fördernde Diskussionen.

Halle, im Mai 1991 Wolfgang Henkel

Inhaltsverzeichnis

Abbildungsverzeichnis

1. Einleitung

1.1 Zum Problem

Im kommunalen Bereich und im Arbeitsbereich wirken mannigfaltig physikalische und chemische Umweltfaktoren auf den Menschen ein. Dabei sind Belastungssituationen vielfach durch ein kombiniertes Einwirken mehrerer Noxen charakterisiert. Zum Beispiel treten in bodengebundenen Fahrzeugen Ganzkörperschwingungen in Kombination mit Lärm auf. Auch in der Nähe stationärer Maschinen erfolgt gleichzeitig eine Lärm- und Schwingungseinwirkung. In der chemischen Industrie findet man häufig Einwirkungen von Schadstoffen bei gleichzeitiger Lärmexposition.

Eine Belastung des Organismus mit Noxen ruft bei Überschreitung bestimmter Schwellenwerte Wirkungen im physischen und psychischen Bereich hervor. Die Reaktionen des Organismus auf solche Belastungssituationen spiegeln sich in Änderungen physiologischer, biochemischer und psychologischer Parameter wider, wobei aus der Art und der Größe der Änderungen a priori noch nicht auf mögliche Schädigungen geschlossen werden kann. Verschiedene Belastungsfaktoren können dabei jeweils gleiche biologische Parameter beeinflussen. Während die wesentlichen Kausalbeziehungen zwischen Belastung und Wirkung für viele einzeln einwirkende Noxen bekannt sind, liegt über durch kombinierte Belastungen hervorgerufene Wirkungen relativ wenig gesichertes Wissen vor.

Die höchstzulässigen Belastungen des Menschen durch einzeln einwirkende Noxen am Arbeitsplatz sind weitgehend über Normative geregelt. Dagegen findet man bei kombinierter Exposition nur für den speziellen Fall additiv wirkender Schadstoffe arbeitshygienische Belastungsgrenzen. Von praktischer Bedeutung für die Arbeitsmedizin ist die Abschätzung des Expositionsrisikos für Werktätige, auf die während ihrer Tätigkeit gleichzeitig mehrere Noxen einwirken. Die experimentelle Untersuchung der Wirkungsänderung biologischer Parameter beim Übergang von der einfachen zur kombinierten Belastung des Organismus und die daraus resultierende Feststellung additiver, überadditiver oder unteradditiver Effekte bei Kombinationswirkungen geben Hinweise auf das zu erwartende arbeitsmedizinische Expositionsrisiko.

Experimente zur kombinierten Belastung des Organismus waren schon frühzeitig von pharmakologischem Interessse. So untersuchte bereits FRASER (1872) eine Kombination von Atropia und Physostigma. Spätere systematische Studien über Kombinationswirkungen chemischer Substanzen wurden von LOEWE (1927, 1928, 1953) durchgeführt. Die von ihm entwickelte Isobolographie stellt ein graphisches Verfahren zur Beurteilung von Kombinationseffekten dar. Zusammenfassende Darstellungen über Wechselwirkungen pharmazeutischer Präparate sind bei ZIPF und HAMACHER (1966), RITSCHEL (1973) und SCHELER (1980) zu finden.

Arbeiten über arbeitsmedizinisch relevante Kombinationen physikalischer und chemischer Noxen erscheinen in zunehmendem Umfang seit Anfang der siebziger Jahre. SINICINA und BONDAREV (1970), FANGHÄNEL und SCHUMACHER (1979), MANNINEN (1985), RENTZSCH et al. (1986) u.a. studierten den kombinierten Einfluß physikalischer Noxen auf den Organismus. Untersuchungen zur kombinierten Wirkung von industriellen Schadstoffen wurden von TITOVA (1971), KUSTOV et al. (1972, 1973, 1975), HENKEL und RUBLACK (1976), SZADKOWSKI und LEHNERT (1979), DIEHL et al. (1984) u.a. durchgeführt. Über die Wirkung von Schadstoffen in Kombination mit Lärm, mechanischen Schwingungen und anderen physikalischen Noxen berichten KUSTOV et al. (1971), HECHT et al. (1972), PANKOW et al. (1974), BUCHARIN et al. (1977), HENKEL und WAGNER (1978) u.a.

Bei Untersuchungen zur Belastung des Organismus mit Noxen ist zu berücksichtigen, daß die Belastbarkeit tageszeitlich sehr unterschiedlich sein kann. Eine chronobiologische Betrachtung der Belastung-Wirkung-Beziehungen schließt den Zeit-Faktor in eine Bewertung von Belastungssituationen ein. In der Chronobiologie sind Rhythmen bekannt, deren Periodendauer einen Zeitbereich von mehreren Zehnerpotenzen überdecken. Die biologischen Oszillationen können endogen fixiert oder exogen durch geophysikalische Zeitgeber festgelegt sein. Für Belastungsuntersuchungen ist vorwiegend die durch die Erdrotation bedingte Circadianperiodik biologischer Parameter von Interesse. Die Resultate solcher Untersuchungen können auf ein tageszeitlich unterschiedliches arbeitsmedizinisches Expositionsrisiko hinweisen, woraus sich die Relevanz für die Schichtarbeit ergibt.

Biorhythmische Belastungsuntersuchungen mit physikalischer oder chemischer Noxe sind bereits von JORES (1935), HALBERG (1964), RENSING (1969), REINBERG und HALBERG (1971), SCHEVING et al. (1974) u.a. durchgeführt worden. Auf die Bedeutung der Tagesrhythmik für die Belastbarkeit des Organismus wurde besonders von MLETZKO (1977, 1978) und SINZ (1978, 1980) hingewiesen. In der Literatur über Belastungsexperimente sind neben biorhythmischen Aspekten zunehmend auch biokybernetische Betrachtungsweisen zu finden (DRISCHEL 1952/1953, HENKEL und MLETZKO 1975, KUSTOV et al. 1975, SZADKOWSKI und LEHNERT 1979).

Trotz vieler mathematischer Ansätze zur Beschreibung und Bewertung von Kombinationseffekten lag bisher eine umfassende theoretische Darstellung zur kombinierten Belastung des Organismus mit physikalischen und chemischen Noxen nicht vor.

Es war ein Anliegen der vorliegenden Arbeit, ein theoretisches Modell zur Untersuchung von kombiniert auf den Organismus einwirkenden Noxen zu entwickeln und seine Anwendbarkeit im Experiment zu prüfen. Das Modell soll sowohl eine optimale Planung von kombinierten Belastungsuntersuchungen ermöglichen als auch eine Bewertung von Kombinationswirkungen hinsichtlich additiver, überadditiver oder unteradditiver Effekte bei einem relativ geringen experimentellen Aufwand zulassen. Das Modell soll außerdem eine Beschreibung des dynamischen Verhaltens von Belastung-Wirkung-Systemen gestatten sowie biorhythmische Aspekte berücksichtigen.

Die Belastungsexperimente zur Anwendung des theoretischen Modells wurden mit ausgewählten physikalischen und chemischen Noxen durchgeführt, wobei der Umweltfaktor Lärm eine dominierende Rolle spielte. Als Versuchstier diente die Laborratte. Die unter Belastung resultierenden biologischen Wirkungen sind vorrangig anhand der Tiermotorik studiert worden. Ergänzt werden die Untersuchungen des motorischen Verhaltens durch Bestimmungen der Leberatmung und der mittleren Letalität der Tiere.

Neben den physiologischen und toxikologischen Verfahren wurden auch biochemische Methoden (Bestimmungen von Enzym-Aktivitäten) benutzt. Die Tierexperimente fanden eine Ergänzung durch eine Untersuchung an einer kleinen Probandengruppe, wobei unter Belastungssituationen physiologische Parameter registriert worden sind.

Experimentelle Befunde von Untersuchungen zur kombinierten Belastung des Organismus mit physikalischen und chemischen Noxen geben Hinweise auf ein zu erwartendes Gesundheitsrisiko für Werktätige, die bei ihrer Tätigkeit gegenüber mehreren Schadfaktoren exponiert sind. Ergebnisse biorhythmischer Untersuchungen können auf tageszeitliche Abhängigkeiten der Belastbarkeit des Organismus hinweisen, woraus sich die Bedeutung für die Schichtarbeit ableitet. Die Resultate von Belastungsexperimenten bilden somit eine Grundlage für arbeitsmedizinische Risikobeurteilungen.

1.2 Begriffsbestimmungen, Formelzeichen und Abkürzungen

Unter einer kombinierten Belastung des Organismus mit zwei oder mehrere Noxen werden in dieser Arbeit alle Formen des Einwirkens unterschiedlicher Noxen auf ein organismisches System verstanden. Aus mathematischer Sicht ist es dabei gleichgültig, ob die Exposition der einzelnen Komponenten gleichzeitig oder zeitlich nacheinander erfolgt. Eine simultane Einwirkung von Noxen ist bei dieser Betrachtungsweise nur ein Sonderfall einer sukzessiven Einwirkung.

Unter einer diurnalen Messung (Bestimmung, Berechnung usw.) soll eine Messung über ein Zeitintervall von 24 h verstanden werden. Die Aktivitäts- und die Ruhephase werden auch als α- und ρ-Phase bezeichnet.

Bei der Einwirkung von Ganzkörperschwingungen auf einen Organismus werden die Richtungen X (Brust – Rücken), Y (Schulter – Schulter) und Z (Kopf – Fuß) unterschieden.

Im folgenden sind die in der Arbeit verwendeten Zeichen und Symbole zusammengestellt:

A	Aktivitätsmenge
a	Koeffizient; große Ellipsenhalbachse
$\tilde{a}$	Schwingbeschleunigung (Effektivwert)
B	Belastungsstärke
b	Koeffizient; kleine Ellipsenhalbachse
c	Amplitude; Koeffizient; Index
(c, φ)	Vektor mit den Polarkoordinaten c und φ
D	Dosis; Dämpfungsgrad
d	Koeffizient
e	Koeffizient
f	Frequenz
f(...)	Funktion von ...
$G(i\omega)$	Komplexer Frequenzgang
G(p)	Übertragungsfunktion
g(...)	Funktion von ...
g(t)	Gewichtsfunktion
H	Relative Summenhäufigkeit
h	Koeffizient
i	Imaginäre Einheit; Index
j	Index
K_b	Input-Koeffizient
K_w	Output-Koeffizient
k	Koeffizient
L	Schalldruckpegel
$L\tilde{a}$	Letale Schwingbeschleunigung (Effektivwert)
LD	Letale Dosis

LD 12:12	Licht-Dunkel-Verhältnis von 12 h:12 h
L {...}	LAPLACE-Transformierte von ...
M	Mischungsverhältnis
MAK	Maximale Arbeitsplatz-Konzentration
m	Anzahl
n	Anzahl
P(x;y)	Punkt mit den kartesischen Koordinaten x, y
p	Irrtumswahrscheinlichkeit; Index
p_d	Diastolischer Blutdruck
p_s	Systolischer Blutdruck
Q	Summe der Fehlerquadrate
q	Index
R	Anteil
r	Korrelationskoeffizient; Index
$s_{\bar{y}}$	Standardfehler
T	Periodendauer; Zeitdauer; Zeitkonstante
t	Zeit
u	Zeitreihen-Meßwert; Index
V	Variationsgrad
v	Volumen; Anzahl; Index
W	Wirkungsstärke
w(t)	Übergangsfunktion
x	Variable
(x,y)	Zahlenpaar
y	Meßwert; Variable
z	Relative Belastungsstärke
α	Abweichung; Index
β	Anstiegswinkel; Abweichung; Index
γ	Wechselwirkung; Index
δ	Dämpfungswert; Index
ε	Zufallsabweichung; Index
η	Index
θ	Drehwinkel
μ	Mittelwert
τ	Verzögerungsparameter; Zeit
φ	Phasenwinkel
ω	Kreisfrequenz

2. Modell zur Untersuchung von kombiniert auf ein organismisches System einwirkenden Noxen

2.1 Allgemeines Input-Output-System für Belastungsuntersuchungen

Jedes biologische System oder Subsystem kann bei kybernetischer Betrachtungsweise als Black-Box (Schwarzer Kasten) mit Eingangsgrößen (Input-Komponenten) und Ausgangsgrößen (Output-Komponenten) angesehen werden. Dabei braucht keine Rücksicht auf die strukturellen und funktionellen Besonderheiten des inneren Aufbaus genommen werden. Ziel eines biokybernetischen Experiments ist es, etwas über die Eigenschaften eines organismischen Systems anhand von Eingangs- und Ausgangsgrößen auszusagen, ohne in die Black-Box hineinsehen zu können (DRISCHEL 1952/53 und 1973, PESCHEL 1970, BEIER et al. 1972 u.a.).

Bei biologisch-medizinischen Belastungsuntersuchungen mit physikalischen und chemischen Noxen werden bestimmte unter dem Einfluß dieser Umweltfaktoren sich ergebende organismische Wirkungen an einem Tier- oder Probandenkollektiv ermittelt. Für ein solches Belastung-Wirkung-System sind als Input-Komponenten die Belastungsstärken B_1, B_2, ..., B_n der auf den Organismus einwirkenden Noxen 1, 2, ..., n anzusehen (Abb. 1). Dabei soll unter Belastungsstärke zum Beispiel die Intensität, die Konzentration oder die Dosis einer Noxe verstanden werden (HENKEL 1973, 1984).

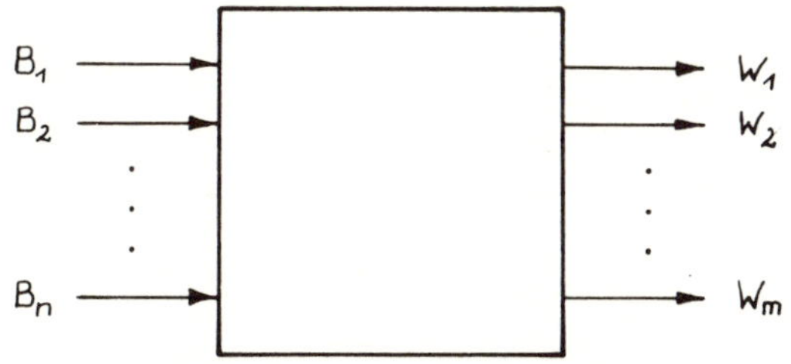

Abb. 1: Allgemeines Input-Ouput-System für Belastungsuntersuchungen (B = Belastungsstärke, W = Wirkungsstärke)

Die Output-Komponenten dieses Systems sind die Wirkungsstärken W_1, W_2, ..., W_m der durch Belastung resultierenden biologischen Wirkungen 1, 2, ..., m, die anhand von physiologischen, biochemischen oder psychologischen Parametern bestimmt werden können. Dabei ist unter Wirkungsstärke die Stärke der Änderung eines biologischen Parameters bei Belastung des Organismus zu verstehen (vgl. Abschnitt 2.2). Die Gesamtheit aller unter Belastung sich ergebenden Wirkungen im physischen und psychischen Bereich wird in der Literatur mit dem Begriff „Beanspruchung“ umschrieben. Die Beanspruchung eines Organismus läßt sich nicht universell bestimmen. Es können nur bestimmte an Organsystemen auftretende Wirkungen anhand ausgewählter biologischer Parameter mit mehr oder weniger großer Genauigkeit ermittelt werden.

Im allgemeinen ist die Anzahl der im Experiment verwendeten Input-Komponenten B_p ($p = 1, 2, ..., n$) von der Anzahl der untersuchten Output-Komponenten W_q ($q = 1, 2, ..., m$) verschieden. Die folgenden Input-Output-Betrachtungen werden für ein spezielles Belastung-Wirkung-System anhand einer einzigen Wirkungskomponente W_1 durchgeführt ($m = 1$), wobei jedoch diese Output-Komponente für verschiedene Versuchsbedingungen unterschiedliche Beträge W_{1i} (im folgenden nur W_i genannt) annehmen kann. Die Anzahl der Belastungskomponenten B_p soll zunächst auf $n = 2$ beschränkt werden, d.h. es wird der Fall von 2 kombiniert auf den Organismus einwirkenden Noxen betrachtet.

Bei kombinierten Belastungsuntersuchungen sind 2 Versuchsvarianten hinsichtlich einer Bewertung der Ergebnisse relevant, und zwar sind es Experimente mit konstanten Input-Größen und variabler Output-Größe (Output-Methode) sowie Untersuchungen mit konstanter Output-Größe und variablen Input-Größen (Input-Methode).

2.2 Output-Methode

Bei dem Output-Verfahren wird die Wirkungsstärke W des zu untersuchenden biologischen Parameters für unterschiedliche Versuchsbedingungen ermittelt. Dabei werden die Belastungsstärken B_1 und B_2 der einwirkenden Noxen 1 und 2 konstant gehalten. Eine Bewertung der Kombinationswirkung kann anhand der unterschiedlichen Output-Größen W_i durchgeführt werden (HENKEL und MLETZKO 1974, HENKEL und WAGNER 1978, HENKEL 1984, 1988).

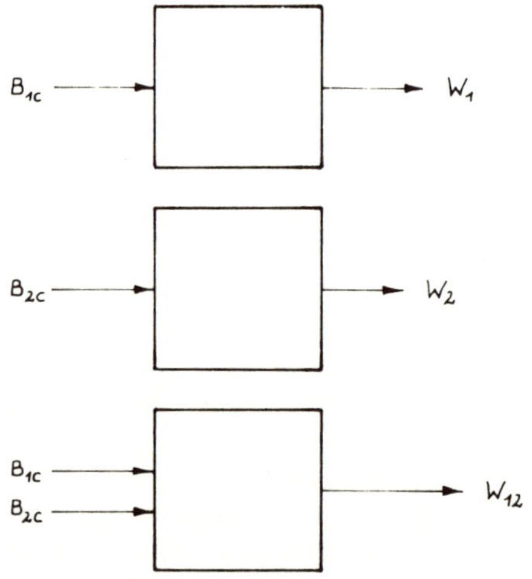

Abb. 2: Output-Versuchsschema für den Fall gleichgerichteter Wirkungen ($sgn\ W_1 = sgn\ W_2$)

Der Versuchsablauf erfolgt für eine Output-Untersuchung in 3 Schritten (Abb. 2):

1. Es wird die Wirkungsstärke W_1 des zu untersuchenden Parameters bei alleiniger Einwirkung der Noxe 1 mit der Belastungsstärke B_{1c} ermittelt.
2. Es wird die Wirkungsstärke W_2 des zu untersuchenden Parameters bei alleiniger Einwirkung der Noxe 2 mit der Belastungsstärke B_{2c} ermittelt.
3. Es wird die Wirkungsstärke W_{12} des zu untersuchenden Parameters bei kombinierter Einwirkung der Noxen 1 und 2 mit den unveränderten Belastungsstärken B_{1c} und B_{2c} ermittelt.

Die bei einer bestimmten Belastung resultierende Wirkungsstärke W_i für einen zu untersuchenden biologischen Parameter ergibt sich als Differenz der physiologischen oder biochemischen Parameter-Meßwerte des belasteten und des unbelasteten organismischen Systems:

(2.1) $$W_i = \pm (y_i - y_o) \qquad (i = 1; 2; 12)$$

Dabei bedeuten y_i der Meßwert für den belasteten und y_o der analoge Wert für den unbelasteten Organismus. Das Vorzeichen in der Beziehung (2.1) ist für eine Versuchsserie einheitlich festzulegen. Bei einer Festlegung des Vorzeichens müssen folgende 2 Fälle unterschieden werden:

a) Die Wirkungen des durch die Noxen 1 und 2 belasteten Organismus sind gleichgerichtet, d.h. die Wirkungsstärken W_1 und W_2 haben gleiches Vorzeichen (Abb. 2):

$$\operatorname{sgn} W_1 = \operatorname{sgn} W_2$$

Die Größen W_1 und W_2 sollen dann zweckmäßigerweise positiv gewählt werden:

(2.2) $$W_1 > 0; \qquad W_2 > 0$$

b) Die Wirkungen des durch die Noxen 1 und 2 belasteten Organismus sind entgegengesetzt gerichtet, d.h. die Wirkungsstärken W_1 und W_2 haben unterschiedliche Vorzeichen (Abb. 3):

$$\operatorname{sgn} W_1 \neq \operatorname{sgn} W_2$$

In diesem Fall soll als Noxe 1 diejenige bezeichnet werden, deren absoluter Betrag der Wirkungsstärke der größere ist. Außerdem sollen dann W_1 positiv und W_2 negativ gewählt werden:

(2.3) $$/W_1/ \geq /W_2/; \qquad W_1 > 0; \qquad W_2 < 0$$

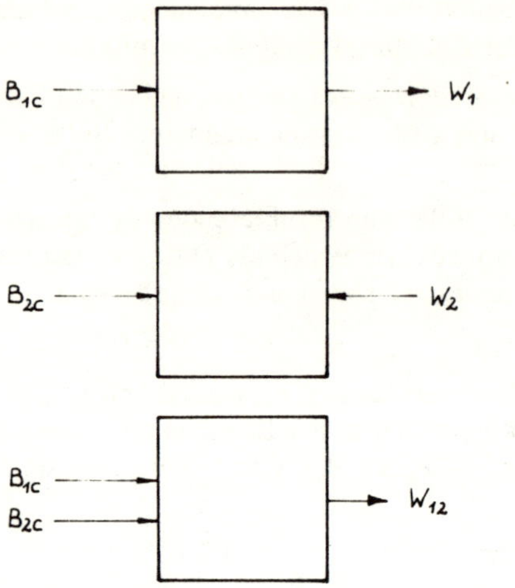

Abb. 3: *Output-Versuchsschema für den Fall entgegengesetzt gerichteter Wirkungen ($sgn\, W_1 \neq sgn\, W_2$)*

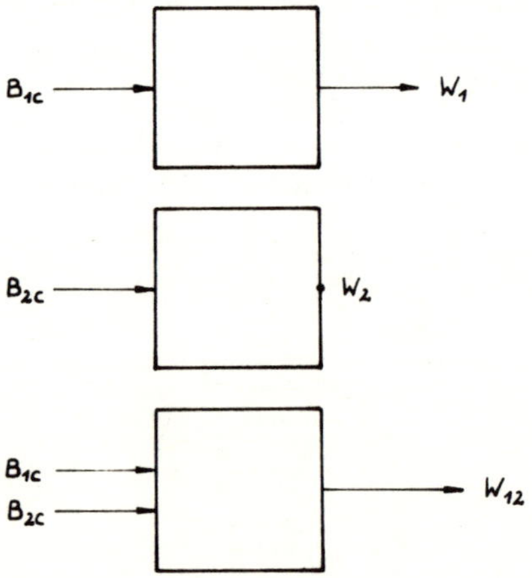

Abb. 4: *Output-Versuchsschema für den Grenzfall $W_2 = 0$*

Der Grenzfall ergibt sich für $W_2 = 0$; die Größe W_1 soll dann in Analogie zu den Fällen a) und b) positiv gewählt werden (Abb. 4). Für alle betrachteten Fälle (auch für den Grenzfall

$W_2 = 0$) kann die Kombinationswirkung W_{12} größer, gleich oder kleiner als die Summe der Einzelwirkungen $W_1 + W_2$ sein.

Eine Bewertung der Kombinationswirkung erfolgt anhand der Output-Größen W_1, W_2 und W_{12}.

Eine Bewertung ist abhängig von der Skalierung der untersuchten Merkmalswerte.

a) Bei ordinalem Skalentyp ist nur ein Vergleich der Kombinationswirkung W_{12} mit einer Einzelwirkung W_i ($i = 1, 2$) möglich:

(2.4)	$W_{12} > \max W_i$	Synergismus
	$W_{12} = \max W_i$	Faktor i dominant
	$W_{12} < \max W_i$	Antagonismus

Der letzte Fall kann unterteilt werden in:

$\min W_i < W_{12} < \max W_i$	relativer Antagonismus
$W_{12} = \min W_i$	Faktor i dominant
$W_{12} < \min W_i$	absoluter Antagonismus

b) Bei einer Intervall-Skala kann zusätzlich ein Vergleich der Kombinationswirkung mit dem Mittelwert der Einzelwirkungen stattfinden:

(2.5)	$W_{12} > (W_1 + W_2)/2$	Kombinationswirkung überdurchschnittlich
	$W_{12} = (W_1 + W_2)/2$	Kombinationswirkung durchschnittlich
	$W_{12} < (W_1 + W_2)/2$	Kombinationswirkung unterdurchschnittlich

c) Die Verhältnis-Skala stellt das höchste Skalenniveau dar. Bei dieser Skalierungsstufe ist außerdem ein Vergleich der Kombinationswirkung mit der Summe der Einzelwirkungen möglich:

(2.6)	$W_{12} > W_1 + W_2$	Kombinationswirkung output-überadditiv
	$W_{12} = W_1 + W_2$	Kombinationswirkung output-additiv
	$W_{12} < W_1 + W_2$	Kombinationswirkung output-unteradditiv

Diese Bewertungsresultate gelten für Output-Untersuchungen, bei denen die Vorzeichen-Festlegungen (2.2) und (2.3) beachtet worden sind. Bei einem Vorzeichenwechsel aller Größen W_i ($i = 1; 2; 12$) tritt eine Umkehr der Bewertungsergebnisse auf, d.h. werden alle Größen W_i durch $W'_i = -W_i$ ersetzt, so wird aus einer output-überadditiven Kombinationswirkung mit $W_{12} > W_1 + W_2$ eine output-unteradditive Wirkung mit $W'_{12} < W'_1 + W'_2$ und umgekehrt. Aus diesem Grunde sollten bei einer Output-Untersuchung die Festlegungen (2.2) und (2.3) verwendet werden, andernfalls müssen bei einer Mitteilung von Bewertungsresultaten zusätzlich die Größen W_i angegeben werden. Die Bedingungen (2.2) und (2.3) zur Vorzeichen-Festlegung für Output-Untersuchungen können ersetzt werden durch die Forderung:

(2.7) $$W_1 + W_2 \geq 0$$

Bei Output-Untersuchungen erfolgte bisher eine Bewertung der Versuchsergebnisse nur in Form qualitativer oder ordnungsfähiger Aussagen (KUSTOV et al. 1975) (vgl. Abschnitt 5.1.1). Durch die nun folgende Einführung eines Output-Koeffizienten K_w wird darüber hinaus auch eine quantitative Bewertung von Kombinationswirkungen ermöglicht. Dabei ist definiert:

(2.8) $$K_w = W_{12}/(W_1 + W_2) \qquad (W_1 + W_2 \neq 0)$$

Dieser Output-Koeffizient K_w ist ein Maß für die Abweichung der Kombinationswirkung vom output-additiven Verhalten. Bei additivem Effekt ergibt sich $K_w = 1$. Die Bewertungsformeln (2.6) gehen bei Benutzung des Koeffizienten K_w in folgende Kurzform über:

(2.9)	$K_w > 1$	Kombinationswirkung output-überadditiv
	$K_w = 1$	Kombinationswirkung output-additiv
	$K_w < 1$	Kombinationswirkung output-unteradditiv

Der spezielle Fall $K_w = 0$ bedeutet, daß bei kombinierter Belastung keine resultierende Wirkung W_{12} feststellbar ist, d.h. die Meßwerte y_i des kombiniert belasteten und y_0 des unbelasteten Organismus gemäß der Formel (2.1) unterscheiden sich nicht.

2.3 Input-Methode

Bei dem Input-Verfahren werden die Belastungsstärken B_1 und B_2 der einwirkenden Noxen 1 und 2 variiert. Dabei wird die Wirkungsstärke W des zu untersuchenden biologischen Parameters konstant gehalten. Eine Bewertung der Kombinationswirkung kann anhand der unterschiedlichen Input-Größen B_{1i} und B_{2i} durchgeführt werden (HENKEL 1973, 1984, HENKEL und MLETZKO 1975). Die Input-Methode ist nur dann anwendbar, wenn sich für die einzeln einwirkenden Noxen gleichgerichtete Wirkungen gemäß der Formel (2.2) ergeben.

Der Versuchsablauf erfolgt für eine Input-Untersuchung in 3 Schritten (Abb. 5):

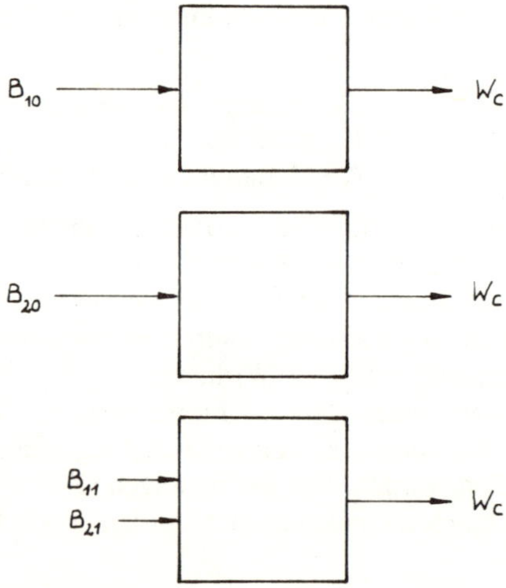

Abb. 5: Input-Versuchsschema (W_c = const)

1. Nach Festlegung einer bestimmten konstanten Wirkungsstärke W_c des zu untersuchenden Parameters wird bei alleiniger Einwirkung der Noxe 1 die Belastungsstärke so lange variiert, bis sich diese Output-Größe W_c ergibt.

2. Es wird bei alleiniger Einwirkung der Noxe 2 die Belastungsstärke so lange variiert, bis sich die gleiche Wirkungsstärke W_c wie bei Schritt 1 ergibt.
3. Es werden bei kombinierter Einwirkung der Noxen 1 und 2 die Belastungsstärken beider Noxen so lange variiert, bis dieselbe Wirkungsstärke W_c wie bei Schritt 1 und 2 resultiert.

Die Wirkungsstärke W_c ergibt sich meßtechnisch nach der Formel (2.1) für i = c.

Bei dem in Abb. 5 dargestellten Versuchsschema und bei den weiteren Betrachtungen werden folgende Bezeichnungen verwendet:

B_{10} = Belastungsstärke der einzeln einwirkenden Noxe 1 zur Erzielung einer bestimmten Wirkungsstärke W_c,

B_{20} = Belastungsstärke der einzeln einwirkenden Noxe 2 zur Erzielung der gleichen Wirkungsstärke W_c,

B_{11} und B_{21} = Belastungsstärken der kombiniert einwirkenden Noxen 1 und 2 zur Erzielung derselben Wirkungsstärke W_c.

Eine Bewertung der Kombinationswirkung kann anhand der Input-Größen B_{10}, B_{11}, B_{20} und B_{21} erfolgen. Dabei wird definiert:

(2.10) $B_{11}/B_{10} + B_{21}/B_{20} < 1$ Kombinationswirkung input-überadditiv
$B_{11}/B_{10} + B_{21}/B_{20} = 1$ Kombinationswirkung input-additiv
$B_{11}/B_{10} + B_{21}/B_{20} > 1$ Kombinationswirkung input-unteradditiv

Bei Input-Untersuchungen erfolgte bisher eine Bewertung der Versuchsergebnisse nur für Kombinationen chemischer Substanzen, wobei die Feststellung additiver und nichtadditiver Effekte hauptsächlich anhand eines graphischen Verfahrens (Isobolographie) vorgenommen wurde (LOEWE 1928, 1953, ZIPF und HAMACHER 1966) (vgl. Abschnitt 5.1.2). Durch die Einführung eines Input-Koeffizienten K_b (in Analogie zum Koeffizienten K_w bei der Output-Methode) wird eine Bewertung kombinierter Wirkungen auch bei Kombinationen physikalischer und chemischer Noxen in qualitativer und quantitativer Form ermöglicht. Dieser Koeffizient K_b ergibt sich jetzt direkt aus den experimentell ermittelten Belastungsstärken B_i. Dabei ist definiert:

(2.11) $K_b = B_{11}/B_{10} + B_{21}/B_{20}$ $(B_{10} \neq 0;\ B_{20} \neq 0)$

Dieser Input-Koeffizient K_b ist ein Maß für die Abweichung der Kombinationswirkung vom input-additiven Verhalten. Bei einem additiven Effekt ergibt sich $K_b = 1$. Die Bewertungsformeln (2.10) gehen bei Verwendung des Koeffizienten K_b in folgende Kurzform über:

(2.12) $K_b < 1$ Kombinationswirkung input-überadditiv
$K_b = 1$ Kombinationswirkung input-additiv
$K_b > 1$ Kombinationswirkung input-unteradditiv

Da die Belastungsstärken B_i stets als positive Größen anzusehen sind, wird der Input-Koeffizient K_b ebenfalls positiv ($K_b > 0$). Wie in Abschnitt 2.4 gezeigt wird, stimmen die Größen K_b und K_w für ein biologisches System im allgemeinen nicht überein. Deshalb muß zwischen Input-Koeffizient und Output-Koeffizient einer Kombinationswirkung unterschieden werden.

Bei dem Input-Verfahren gibt es für eine kombinierte Belastung nicht nur 1 Wertepaar (B_{11};B_{21}), sondern unendlich viele Paare der Belastungsstärke (B_{1r};B_{2r}), bei denen eine gleiche Output-Größe W_c resultiert (r = 1, 2, 3, ...). Die Wertepaare (B_{1r};B_{2r}) kann man daher als „Belastungspaare gleicher Wirkungsstärke" bezeichnen. Für jedes Wertepaar (B_{1r};B_{2r}) läßt sich analog zur Formel (2.11) ein Koeffizient der Kombinationswirkung berechnen. Dieser Input-Koeffizient lautet in allgemeiner Form:

(2.13) $K_{br} = B_{1r}/B_{10} + B_{2r}/B_{20}$ $(B_{10} \neq 0;\ B_{20} \neq 0;\ r = 1, 2, 3, ...)$

Nur im Falle einer input-additiven Kombinationswirkung stimmen alle Werte K_{br} überein ($K_{br} = 1$).

Die Wertepaare $(B_{1r};B_{2r})$ entsprechen in einem B_1, B_2-Koordinatensystem den Punkten $P_r(B_{1r};B_{2r})$. Die Verbindungslinie dieser Punkte $P_r(B_{1r};B_{2r})$ stellt eine „Linie gleicher Wirkungsstärke" (Isobole) dar. Die Isobolenendpunkte sind die Punkte der Einzelbelastung $P_o(0,B_{20})$ und $P'_o(B_{10},0)$; sie liegen auf den Koordinatenachsen (Abb. 6).

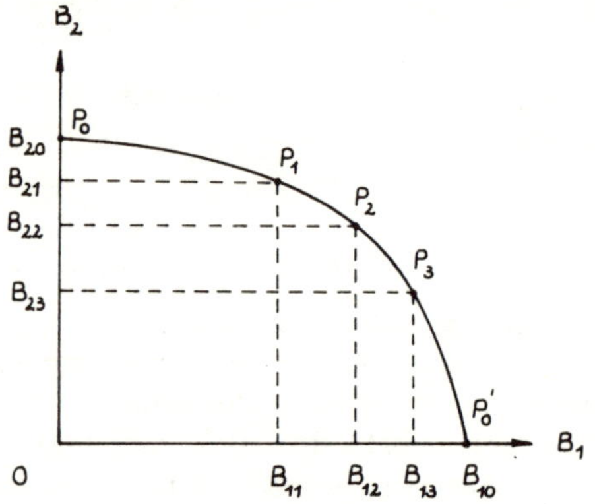

Abb. 6: Zur Isobolenkonstruktion anhand von Belastungsstärke-Wertepaaren (B_{1r},B_{2r})

Da die Größen B_1 und B_2 dimensionsbehaftet sind, ist eine dimensionslose normierte Darstellung für die weiteren Betrachtungen geeigneter. Es wird definiert:

(2.14) $z_{1r} = B_{1r}/B_{10};\ z_{2r} = B_{2r}/B_{20}$ $(B_{10} \neq 0;\ B_{20} \neq 0;\ r = 1, 2, 3, ...)$

Die dimensionslose relative Belastungsstärke z_{1r} (z_{2r}) ergibt sich als Quotient der Belastungsstärke B_{1r} (B_{2r}) bei kombinierter Einwirkung und dem zugehörigen Wert der Einzelbelastung B_{10} (B_{20}). Die Wertepaare $(z_{1r};z_{2r})$ entsprechen den Punkten P_r $(z_{1r};z_{2r})$ in einem z_1, z_2-Koordinatensystem. Die Verbindungslinie dieser Punkte stellt dabei die Isobole in der normierten Darstellung gemäß der Beziehung (2.14) dar. Bei Einzelbelastung resultieren die Isobolenendpunkte $P_o(0,1)$ und $P'_o(1,0)$.

Die Isobole liegt im allgemeinen innerhalb des von den Koordinatenachsen z_1 und z_2 sowie den beiden Geraden $z_1 = 1$ und $z_2 = 1$ gebildeten Quadrats, das im folgenden Kombinationsquadrat genannt werden soll. Je nach der speziellen Kombinationswirkung ergeben sich unterschiedliche Isobolenverläufe. Bei input-additiver Kombinationswirkung ($K_b = 1$) ist die Isobole die Verbindungsgerade der Punkte $P_o(0,1)$ und P'_o (1,0) (Abb. 7). Bei input-überadditiver Kombinationswirkung ($K_b < 1$) verläuft die Isobole unterhalb und bei input-unteradditiver Wirkung ($K_b > 1$) oberhalb dieser Verbindungsgeraden (Abb. 8 und Abb. 9).

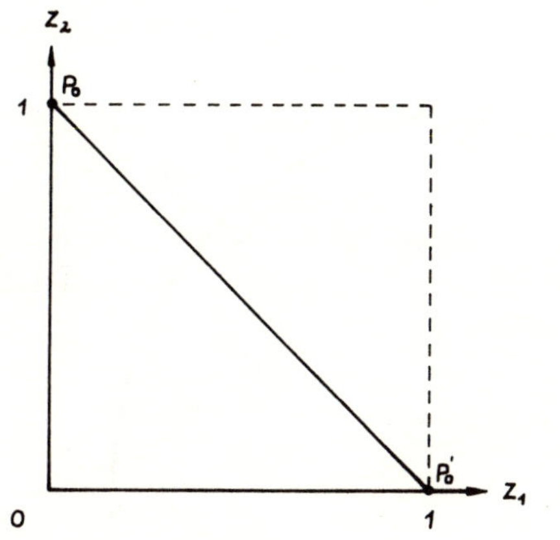

Abb. 7: *Isobole einer input-additiven Kombinationswirkung ($k_1 = k_2 = 1$)*

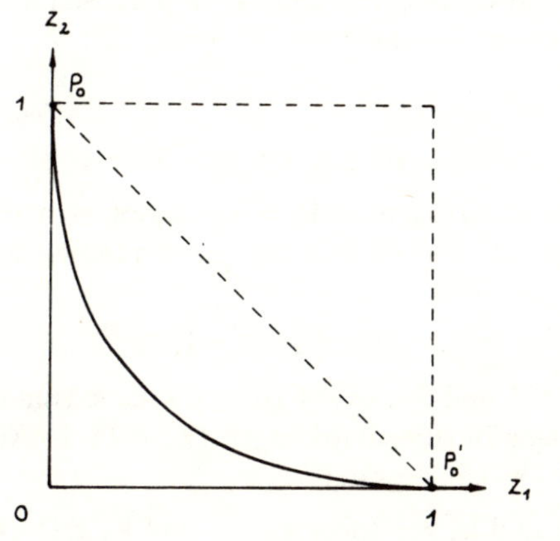

Abb. 8: *Isobole einer input-überadditiven Kombinationswirkung ($k_1 = k_2 = 0,5$)*

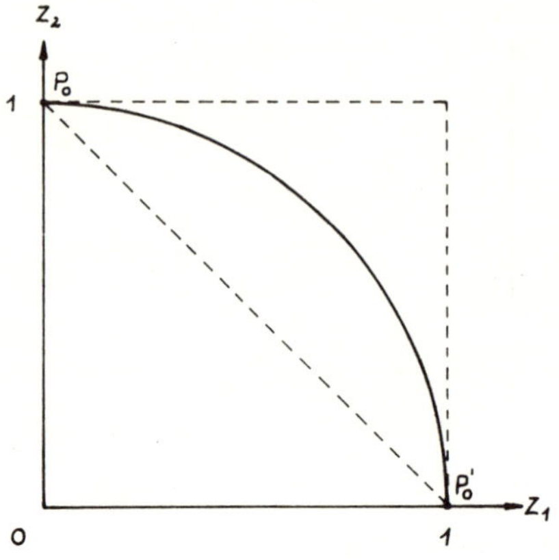

Abb. 9: Isobole einer relativ-unteradditiven Kombinationswirkung (k_1 = k_2 = 2)

Eine experimentell ermittelte Isobole kann durch eine Beziehung von der allgemeinen Form

(2.15) $f(z_1) + g(z_2) = 1$

näherungsweise beschrieben werden. Für diejenigen praktisch relevanten Fälle, bei denen die Isobole innerhalb des Kombinationsquadrates verläuft, läßt sich folgende Näherungsformel angeben (HENKEL 1973):

(2.16) $z_1^{k_1} + z_2^{k_2} = 1 \qquad (0 \leq z_i \leq 1;\ k_i > 0;\ i = 1, 2)$

Für gleichgroße Isobolen-Koeffizienten $k_1 = k_2$ ergibt sich ein zur Winkelhalbierenden $z_1 = z_2$ symmetrischer Verlauf. Die Gerade für input-additive Kombinationswirkung erhält man für $k_1 = k_2 = 1$ (Abb. 7):

(2.17) $z_1 + z_2 = 1 \qquad (0 \leq z_i \leq 1;\ i = 1, 2)$

Für Koeffizienten $0 < k_1 \leq 1$ und $0 < k_2 < 1$ (oder $0 < k_1 < 1$ und $0 < k_2 \leq 1$) resultieren Isobolen input-überadditiver Kombinationswirkungen ($K_b < 1$). In Abb. 8 ist die „Linie gleicher Wirkungsstärke" für $k_1 = k_2 = 0{,}5$ dargestellt.

Für Koeffizienten $k_1 \geq 1$ und $k_2 > 1$ (oder $k_1 > 1$ und $k_2 \geq 1$) ergeben sich Isobolen input-unteradditiver Kombinationswirkungen ($K_b > 1$). Solche hier betrachteten unteradditiven Kombinationswirkungen, bei denen die Isobole innerhalb des Kombinationsquadrates liegt, sollen relativ-unteradditiv genannt werden (SCHELER 1980). In diesem Fall gelten zusätzlich zur Bedingung $K_b > 1$ die Beziehungen $z_1 < 1$ für $0 < z_2 \leq 1$ und $z_2 < 1$ für $0 < z_1 \leq 1$. In Abb. 9 ist die „Linie gleicher Wirkungsstärke" für $k_1 = k_2 = 2$ konstruiert; diese stellt einen Viertelkreis dar.

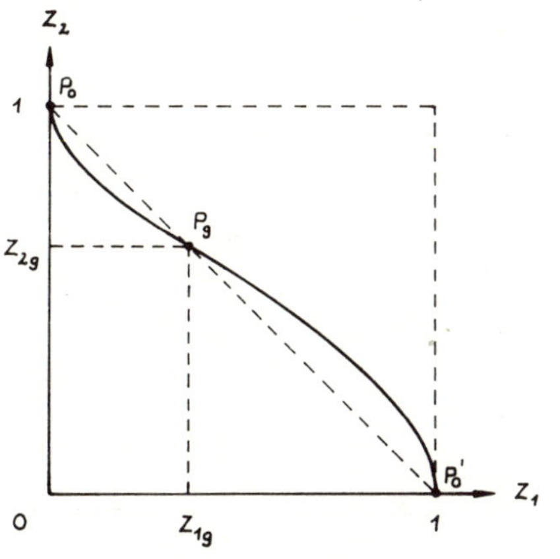

Abb. 10: Isobole einer input-überadditiv-unteradditiven Kombinationswirkung ($k_1 = 0{,}5$ und $k_2 = 2$)

Die in Abb. 10 dargestellte Isobole mit den Koeffizienten $0 < k_1 < 1$ und $k_2 > 1$ ist ein Beispiel für eine input-überadditiv-unteradditive Kombinationswirkung (ZIPF und HAMACHER 1966). In einem solchen Fall resultieren für ein Belastungsintervall $0 < z_1 < z_{1g}$ $(0 < z_{1g} < 1)$ ein überadditives Verhalten und für ein komplementäres Intervall $z_{1g} < z_1 < 1$ ein unteradditives Verhalten (oder umgekehrt). Die Isobole schneidet dabei die Gerade für input-additive Kombinationswirkung im Punkt $P_g(z_{1g},z_{2g})$. Für das Wertepaar (z_{1g},z_{2g}) ergibt sich somit als Sonderfall ein additives Verhalten. Solche input-überadditiv-unteradditive Kombinationswirkungen sind für chemische Substanzen beobachtet worden (ZIPF und v. PHILIPSBORN 1951).

Während die Isobolen-Koeffizienten k_1 und k_2 für ein und dassselbe Belastung-Wirkung-System Konstanten sind, ist der Input-Koeffizient K_b für nichtadditive Kombinationswirkungen abhängig von z_1 bzw. z_2. Nach den Beziehungen (2.13) und (2.14) ergibt sich der Input-Koeffizient zu

(2.18) $$K_{br} = z_{1r} + z_{2r}$$

Ein Extremwert $\hat{K}_{br}$ oder $\check{K}_{br}$ resultiert für denjenigen Isobolen-Punkt $P_r(z_{1r};z_{2r})$, der einen maximalen Abstand von der Geraden für input-additive Kombinationswirkung gemäß Formel (2.17) hat. Im Falle eines symmetrischen Isobolenverlaufs ($k_1 = k_2$) liegt dieser Punkt auf der Winkelhalbierenden der Koordinatenachsen (Abb. 11), d.h. ein maximaler oder minimaler Input-Koeffizient $\hat{K}_{br}$ oder $\check{K}_{br}$ ergibt sich für eine symmetrische Belastung ($z_{1r} = z_{2r}$).

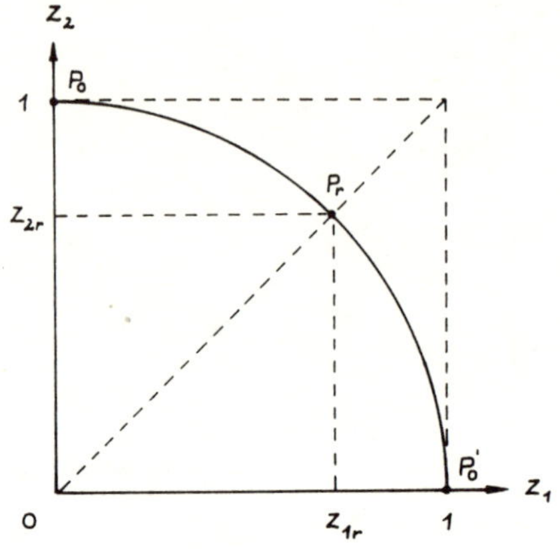

Abb. 11: Maximaler Wert des Input-Koeffizienten K_b für $z_{1r} = z_{2r}$ bei Isobolensymmetrie

Für eine erste Screening-Untersuchung nach der Input-Methode kann deshalb empfohlen werden, eine Isobolensymmetrie anzunehmen und neben 2 Einzelnoxen-Experimenten (Versuchsschritt 1 und 2) einen Kombinationsversuch (Versuchsschritt 3) mit der symmetrischen Belastungsvariante

(2.19) $$z_{1r} = z_{2r}$$

durchzuführen.

Für eine beliebige Isobole $z_2 = f(z_1)$ mit stetigem Verlauf ergeben sich die beiden Grenzwerte:

(2.20) $$\lim_{z_1 \to 0} K_b = 1; \qquad \lim_{z_1 \to 1} K_b = 1$$

Aus diesem Grunde sind Kombinationsversuche mit Belastungspunkten $P_r(z_{1r};z_{2r})$, die sehr nahe an den Endpunkten $P_0(0,1)$ und $P'_0(1,0)$ liegen, hinsichtlich einer Bewertung der Kombinationswirkung ungeeignet.

Bisher wurden nur Isobolen betrachtet, die innerhalb des Kombinationsquadrates liegen. Es sind jedoch Fälle bekannt, bei denen die Isobole einer input-unteradditiven Kombinationswirkung ($K_b > 1$) außerhalb dieses Quadrats liegt (Abb. 12). Eine solche Kombinationswirkung soll absolut-unteradditiv genannt werden (SCHELER 1980). In diesem Fall gelten zusätzlich zur Bedingung $K_b > 1$ die Beziehungen $z_1 > 1$ für $0 < z_2 \leq 1$ und $z_2 > 1$ für $0 < z_1 \leq 1$. Für den Grenzfall $z_1 = 1$ für $0 < z_2 \leq 1$ und $z_2 = 1$ für $0 < z_1 \leq 1$ soll eine Kombinationswirkung als unabhängig-unteradditiv bezeichnet werden. Wenn eine Isobole das Kombinationsquadrat schneidet oder berührt, so ergibt sich für den Schnittpunkt oder Berührungspunkt als Sonderfall ein unabhängig-unteradditives Verhalten (Abb. 12).

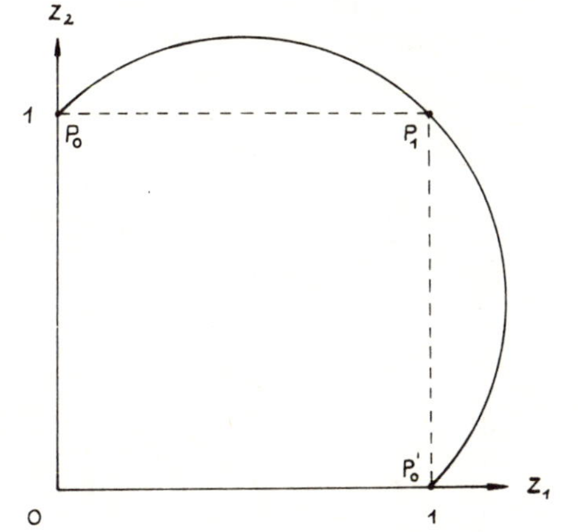

Abb. 12: Isobole einer absolut-unteradditiven Kombinationswirkung (unabhängig-unteradditives Verhalten für den Punkt P_1)

Die Isobole einer absolut-unteradditiven Kombinationswirkung kann nicht mehr durch eine Beziehung (2.16) beschrieben werden. Für eine solche Isobole mit beispielsweise kreisförmigem Verlauf gemäß der Abb. 12, die das Kombinationsquadrat im Punkt $P_1(1;1)$ berührt, lautet die Funktionsgleichung:

(2.21) $$(z_1 - 0{,}5)^2 + (z_2 - 0{,}5)^2 = 0{,}5 \qquad (z_1 \geq 0;\ z_2 \geq 0)$$

Zur Bestimmung der Isobolen-Koeffizienten k_1 und k_2 nach Gleichung (2.16), d.h. für Belastung-Wirkung-Systeme mit einer innerhalb des Kombinationsquadrates verlaufenden Isobole, sind nach der experimentellen Ermittlung der Größen B_{10} und B_{20} (1. und 2. Versuchsschritt) 2 Kombinationsversuche (3. Versuchsschritt) mit unterschiedlichen Belastungspaaren $(z_{11};z_{21})$ und $(z_{12};z_{22})$ erforderlich. Bei vorausgesetzter Isobolensymmetrie ($k_1 = k_2$) genügt bereits 1 Kombinationsexperiment mit einem Belastungspaar $(z_{11};z_{12})$ im 3. Versuchsschritt. Sind für ein spezielles Belastung-Wirkung-System neben den Isobolenendpunkten $P_0(0,1)$ und $P'_0(1,0)$ mehr als 2 Kombinationspunkte $P_r(z_{1r};z_{2r})$ experimentell ermittelt worden, so ergibt sich die Isobole als Ausgleichskurve. Damit sind auch die Koeffizienten k_1 und k_2 festgelegt.

2.4 Statische Kennlinien und Kennflächen

Statische Kennlinien von Belastung-Wirkung-Systemen verdeutlichen den funktionalen Zusammenhang zwischen einer Inputkomponente B und einer Outputkomponente W bei statischer Betrachtungsweise, d.h. nach Abschluß aller Übergangsvorgänge. Bei einer Belastungsuntersuchung mit einer einzigen Noxe (Einzelnoxe) kann die statische Abhängigkeit der Wirkungsstärke W von der Belastungsstärke B durch eine Funktion W = f(B) beschrieben und in einem zweidimensionalen Koordinatensystem durch eine Kennlinie graphisch dargestellt werden. Solche Belastung-Wirkung-Beziehungen sind beispielsweise die speziell in der Pharmakologie verwendeten Dosis-Wirkung-Beziehungen W = f(D), welche den funktionalen Zusammenhang zwischen einer dem Organismus verabreichten Dosis D eines Stoffes und der dadurch erzielten Wirkungsstärke W für einen bestimmten Körperparameter vermitteln. Die Zeitdauer zwischen der Noxengabe (Expositionsbeginn) und dem Zeitpunkt der Ermittlung der Wirkungsstärke wird bei solchen Bestimmungen konstant gehalten, d.h. die Zeit kann im mathematischen Sinne als Parameter angesehen werden.

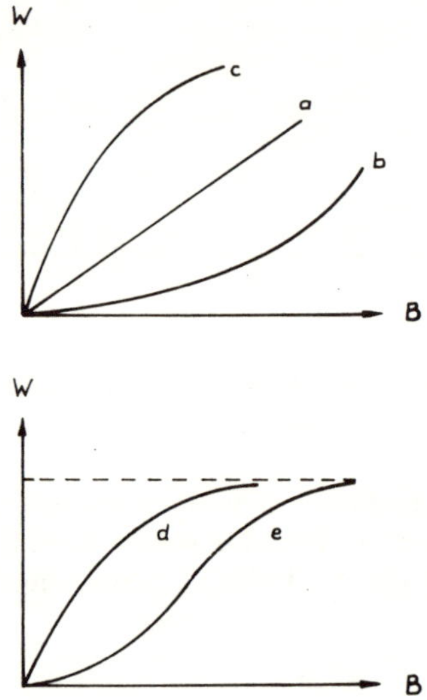

Abb. 13: Charakteristische Belastung-Wirkung-Kennlinien (a, b, c – linearer, quadratischer und logarithmischer Verlauf; d, e – exponentieller und sigmoider Verlauf mit Sättigungscharakter)

In Abb. 13 sind charakteristische Belastung-Wirkung-Kennlinien dargestellt. Ein linearer Zusammenhang zwischen der Belastungsstärke B und der Wirkungsstärke W kann durch die Formel

(2.22) $$W = k\,B \qquad (B \geq 0)$$

beschrieben werden (Abb. 13 a). Die Funktion

(2.23) $$W = k\,B^2 \qquad (B \geq 0)$$

charakterisiert eine quadratische Abhängigkeit (Abb. 13 b). Bei logarithmischem Verlauf der Kennlinie folgt (Abb. 13 c):

(2.24) $$W = k_1 \ln(k_2 B + 1) \qquad (B \geq 0)$$

Existiert für die Wirkungsstärke ein Sättigungswert $W = k_1$, so kann eine konkave Kennlinie ($W'' < 0$) in exponentieller Form dargestellt werden (Abb. 13 d):

$$(2.25) \qquad W = k_1(1 - \exp k_2 B) \qquad (B \geq 0)$$

Ein anderer Fall einer Belastung-Wirkung-Beziehung mit einer Sättigungsgrenze ist ein sigmoider Verlauf der Kennlinie (Abb. 13 e):

$$(2.26) \qquad W = k_0 + k_1 \arctan k_2(B + k_3) \qquad (B \geq 0)$$

Es soll bereits hier darauf hingewiesen werden, daß die Koeffizienten k_i in den Formeln (2.22) bis (2.26) dimensionsbehaftet sind. Wenn für ein spezielles Input-Output-System n Wertepaare ($B_j;W_j$) experimentell ermittelt worden sind, so können die n' Koeffizienten k_i für einen bestimmten Kennlinientyp $W = f(B)$ bei $n = n'$ durch ein Gleichungssystem und bei $n > n'$ durch eine lineare bzw. nichtlineare Regressionsrechnung bestimmt werden (ADAM et al. 1977).

Die dargestellten Kennlinien beginnen im Ursprung des B, W-Koordinatensystems. Ergibt sich für einen biologischen Parameter eine meßbare (von Null verschiedene) Wirkungsstärke erst bei Überschreitung eines bestimmten Schwellenwertes B_0 der Belastung, so ist in den genannten Formeln die Belastungsstärke B durch die Größe $B' = B - B_0$ zu ersetzen. Die in der Abb. 13 dargestellten Kurven erscheinen dann im B, W-Koordinatensystem parallel um den Betrag B_0 in positiver Abszissenrichtung verschoben, d.h. die Kurven beginnen im Punkt $P(B_0;O)$. Zweckmäßiger ist in diesem Fall eine Darstellung in eimem B', W-Koordinatensystem.

Eine Besonderheit biorhythmischer Vorgänge besteht darin, daß die Kennlinien zeitlich nicht konstant sind, sondern periodisch schwanken. Untersuchungen von HENKEL und MLETZKO (1980) haben beispielsweise ergeben, daß für das „motorische System“ bei gleicher Lärmbelastung zu verschiedenen Tageszeiten unterschiedliche Wirkungen resultieren. Dies bedeutet, daß mindestens 1 Koeffizient k_i (Formel 2.22 bis 2.26), der zur mathematischen Beschreibung von Kennlinien dient, als zeitlich veränderliche Größe anzusehen ist.

Bei einer Betrachtung der circadianen Rhythmik kann für einen solchen periodisch schwankenden Koeffizienten k folgende tageszeitliche Abhängigkeit formuliert werden:

$$(2.27) \qquad k(t) = \bar{k} + a \cos \omega t + b \sin \omega t$$

Hierbei bedeuten t die Zeit, $\omega = 2\pi/T$ die Kreisfrequenz sowie T die Periodendauer der circadianen Oszillation; a und b sind Konstanten, und $\bar{k}$ ist der tageszeitliche Mittelwert von k(t). In dieser Formel wurde nur eine einzige harmonische Schwingung mit der Periodendauer T (Grundschwingung) zugrunde gelegt. Bei Berücksichtigung von höherfrequenten Schwingungsanteilen (Oberschwingungen) ergibt sich folgende Beziehung:

$$(2.28) \qquad k(t) = \bar{k} + \sum_{\nu=1}^{m} (a_\nu \cos \nu\omega t + b_\nu \sin \nu\omega t)$$

Es sind a_ν und b_ν die sog. FOURIER-Koeffizienten (vgl. Abschnitt 3.2.1).

Für den Sonderfall einer linearen Kennlinie ergeben sich für die Größen W und k gemäß Formel (2.22) analoge Schwingungsverläufe:

$$(2.29) \qquad W(t) = \bar{k}\, B + \sum_{\nu=1}^{m} (a_\nu B \cos \nu\omega t + b_\nu B \sin \nu\omega t)$$

Einer periodischen Änderung des Koeffizienten k von einem Minimalwert $\underset{\vee}{k}$ auf einen Maximalwert $\hat{k}$ entspricht eine Änderung des Anstiegswinkels β der linearen Kennlinie von $\beta_1 = \arctan \underset{\vee}{k}$ auf $\beta_2 = \arctan \hat{k}$ (lineares zeitvariantes System).

Bei kombinierter Einwirkung von 2 unterschiedlichen Noxen muß der Begriff der statischen Kennlinie erweitert werden. Die Abhängigkeit der Wirkungsstärke W eines biologischen Parameters von den beiden Größen B_1 und B_2 kann durch eine Funktion mit 2 Veränderlichen $W = f(B_1;B_2)$ beschrieben werden. Die graphische Darstellung dieser Abhängigkeit erfolgt in einem dreidimensionalen B_1, B_2, W-Koordinatensystem anhand einer Fläche, die in Analogie zum zweidimensionalen Fall als statische Kennfläche bezeichnet werden soll.

Bei einer linearen Abhängigkeit der Form

(2.30) $$W = k_1B_1 + k_2B_2 \qquad (B_1 \geq 0;\ B_2 \geq 0)$$

ergibt sich als Kennfläche eine Ebene.

In Abb. 14 ist eine ebene Kennfläche für $k_1 = 1$ und $k_2 = 1$ graphisch dargestellt. Die Kennfläche geht durch die Punkte $P_0(0;0;0)$, $P_1(1;0;1)$ und $P_2(0;1;1)$. Für eine zur B_1, B_2-Ebene parallele Schnittebene $W_c = k_3 > 0$ ergibt sich als Schnittlinie die Gerade $B_1 + B_2 = k_3$ (Isobole).

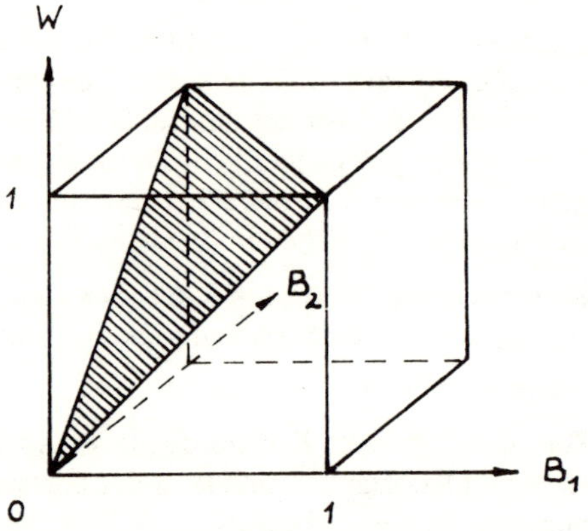

Abb. 14: Belastung-Wirkung-System mit ebener Kennfläche ($W = B_1 + B_2$)

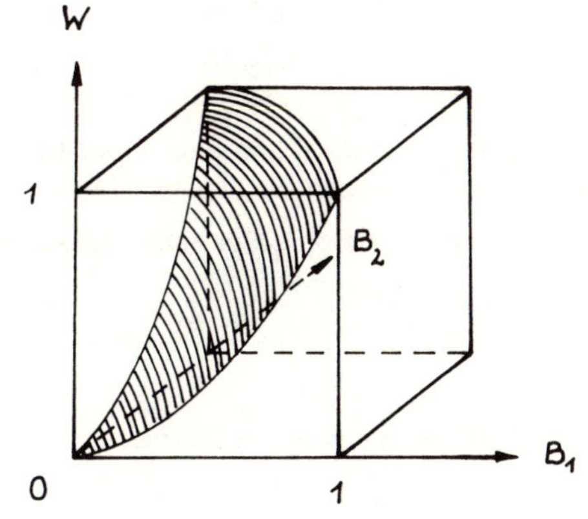

Abb. 15: Belastung-Wirkung-System mit gekrümmter Kennfläche ($W = B_1^2 + B_2^2$)

Nichtlineare Zusammenhänge $W = f(B_1;B_2)$ werden durch gekrümmte Kennflächen graphisch wiedergegeben. In Abb. 15 ist die Kennfläche der Funktion

(2.31) $\quad W = B_1^2 + B_2^2 \quad (B_1 \geq 0, B_2 \geq 0)$

schematisch dargestellt. Die gekrümmte Kennfläche geht ebenfalls durch die Punkte P_o; P_1 und P_2. Für eine Schnittebene $W_c = k > 0$ resultiert die Isobole $B_1^2 + B_2^2 = k$. Die Isobole ist gekrümmt (Viertelkreis).

Bei bekannter Funktion $W = f(B_1;B_2)$ kann sowohl der Übergang zu einer Output-Bewertung (Bestimmung des Koeffizienten K_w) als auch zu einer Input-Bewertung (Bestimmung des Koeffizienten K_b) der Kombinationswirkung vollzogen werden. Dabei braucht diese Funktion nur für einen bestimmten Wertebereich von B_1 und B_2 meßtechnisch erfaßt sein.

Zu einer Output-Bewertung gelangt man, indem man die entsprechend dem Output-Schema (vgl. Abschnitt 2.2) erforderlichen 3 Untersuchungsschritte rechnerisch nachvollzieht:

1. Es werden $B_1 = B_{1c}$ und $B_2 = 0$ gesetzt. Dann ergibt sich die Einzelwirkungsstärke $W_1 = f(B_{1c};0)$.
2. Es werden $B_1 = 0$ und $B_2 = B_{2c}$ gesetzt. Dann erhält man die Einzelwirkungsstärke $W_2 = f(0;B_{2c})$.
3. Es werden $B_1 = B_{1c}$ und $B_2 = B_{2c}$ gesetzt. Dann resultiert die Kombinationswirkungsstärke $W_{12} = f(B_{1c};B_{2c})$.

Anhand der Größen W_1, W_2 und W_{12} kann eine Output-Bewertung der Kombinationswirkung für das ausgewählte Belastungsstärke-Wertepaar $(B_{1c};B_{2c})$ vorgenommen werden.

Zu einer Input-Bewertung gelangt man, indem man $W = f(B_1;B_2) = \text{const}$ setzt. Dann erhält man für ein ausgewähltes $W = W_c$ zunächst die Isobolengleichung $B_2 = f(B_1)$. Entsprechend dem Input-Schema (vgl. Abschnitt 2.3) sind nun anhand dieser Gleichung die für eine Bewertung erforderlichen 3 Untersuchungsschritte rechnerisch nachzuvollziehen:

1. Es wird $B_2 = 0$ gesetzt. Dann ergibt sich die Einzelbelastungsstärke $B_1 = B_{10}$.
2. Für $B_1 = 0$ erhält man die Einzelbelastungsstärke $B_2 = B_{20}$.
3. Für eine beliebige Belastungsstärke $B_1 = B_{11}$ $(0 < B_{11} < B_{10})$ resultiert der zugehörige Wert $B_2 = B_{21}$ desjenigen Wertepaares $(B_{11};B_{21})$, für das $W = W_c$ wird.

Anhand der Größen B_{10}, B_{20}, B_{11} und B_{21} kann eine Input-Bewertung der Kombinationswirkung für die ausgewählte konstante Wirkungsstärke $W = W_c$ durchgeführt werden.

Der Übergang von einer Funktion $W = f(B_1;B_2)$ zu einer Output- und zu einer Input-Bewertung soll am Beispiel der linearen Abhängigkeit

(2.32) $W = 2\,B_1 + 3\,B_2$ $(B_1 \geq 0;\ B_2 \geq 0)$

demonstriert werden.

Gemäß den für die Output-Methode angegebenen Schritten erhält man für ein ausgewähltes Wertepaar $(B_{1c};B_{2c})$:

1. $W_1 = 2\,B_{1c}$ für $B_1 = B_{1c};\ B_2 = 0$
2. $W_2 = 3\,B_{2c}$ für $B_1 = 0;\ B_2 = B_{2c}$
3. $W_{12} = 2\,B_{1c} + 3\,B_{2c}$ für $B_1 = B_{1c};\ B_2 = B_{2c}$

Die Ouput-Bewertung ergibt nach den Beziehungen (2.8) und (2.9) $K_w = 1$, d.h. die Kombinationswirkung für ein beliebig ausgewähltes Belastungsstärke-Wertepaar ist output-additiv.

Für eine Input-Berwertung wird zunächst $W_c = k > 0$ gesetzt. Dann ergibt sich die Isobolengleichung zu:

(2.33) $2\,B_1 + 3\,B_2 = k$

Anhand dieser Gleichung erhält man gemäß den für die Input-Methode angegebenen Schritten:

1. $B_{10} = k/2$ für $B_1 = B_{10};\ B_2 = 0$
2. $B_{20} = k/3$ für $B_1 = 0;\ B_2 = B_{20}$
3. $B_{11} = k/4;\ B_{21} = k/6$ für $B_{11} = B_{10}/2$

Die Input-Bewertung ergibt nach den Beziehungen (2.11) und (2.12) $K_b = 1$, d.h. die Kombinationswirkung für eine beliebig ausgewählte konstante Wirkungsstärke $W_c = k$ ist input-additiv. Die Bewertung wurde für das spezielle Belastungsstärke-Paar $(B_{11};B_{21}) = (B_{10}/2;B_{20}/2)$ durchgeführt. In unserem Fall (lineare Funktion) kommt man auch bei anderen Wertepaaren $(B_{1r};B_{2r})$ zum gleichen Bewertungsergebnis.

Bei nichtlinearen Input-Output-Beziehungen stimmen im allgemeinen die Ergebnisse einer Input- und einer Output-Bewertung nicht überein. Dies soll am Beispiel der Abhängigkeit

(2.34) $W = B_1^2 + B_2^2$ $(B_1 \geq 0;\ B \geq 0)$

gezeigt werden.

Entsprechend der Output-Methode erhält man:

1. $W_1 = B_{1c}^2$

2. $W_2 = B_{2c}^2$

3. $W_{12} = B_{1c}^2 + B_{2c}^2$

Die Output-Bewertung ergibt $K_w = 1$, d.h. die Kombinationswirkung für ein ausgewähltes Belastungsstärke-Paar $(B_{1c};B_{2c})$ ist output-additiv.

Entsprechend der Input-Methode erhält man für eine konstante Wirkungsstärke $W_c = k > 0$ die Isobolengleichung:

(2.35) $$B_1^2 + B_2^2 = k$$

Anhand dieser Gleichung resultieren:

1. $B_{10} = \sqrt{k}$

2. $B_{20} = \sqrt{k}$

3. $B_{11} = \sqrt{k}/\sqrt{2}$; $B_{21} = \sqrt{k}/\sqrt{2}$ für $B_{11} = B_{21}$

Die Input-Bewertung ergibt $K_b = \sqrt{2} > 1$, d.h. die Kombinationswirkung für ein ausgewähltes $W_c = k$ sowie für ein ausgewähltes symmetrisches Belastungsstärke-Wertepaar $(B_{11};B_{21})$ ist input-unteradditiv. Ein unteradditives Verhalten resultiert auch für andere Wertepaare $(B_{1r};B_{2r})$, jedoch mit jeweils anderen Beträgen des Input-Koeffizienten K_b.

Das Beispiel einer nichtlinearen Input-Output-Beziehung sollte verdeutlichen, daß die Ergebnisse einer Input- und einer Output-Bewertung je nach der funktionalen Abhängigkeit der Wirkungsstärke W von den Größen B_1 und B_2 unterschiedlich ausfallen können. Dieser Unterschied zwischen den beiden Arten der Bewertung von Kombinationswirkungen wird hier erstmalig aufgezeigt. Eine geometrische Deutung dieser zunächst widerspruchsvoll erscheinenden Tatsache kann anhand der statischen Kennfläche erfolgen. Maßgebend für eine Abweichung vom additiven Verhalten für das Input-Verfahren sind die Krümmungsparameter der Kennfläche. Eine Input-Untersuchung erfolgt in einer zur B_1, B_2-Ebene parallelen Ebene W = const. Wird diese Ebene mit der Kennfläche geschnitten, so erhält man als Schnittkurve die Isobole. Das Vorzeichen und der Betrag der Isobolenkrümmung bestimmen die Richtung und den Betrag einer Abweichung vom additiven Verhalten für eine Input-Bewertung.

Eine Output-Untersuchung erfolgt in den durch die W-Achse gehenden Ebenen $B_1 = 0$; $B_2 = 0$ und $B_1 - kB_2 = 0$ (bei symmetrischer kombinierter Belastung $B_1 = B_2$ wird $k = 1$). Werden diese Ebenen mit der Kennfläche zum Schnitt gebracht, so entstehen 3 Schnittkurven, die für eine Output-Bewertung maßgebend sind. Die Koordinatenwerte W_i (i = 1; 2; 12) dieser 3 Schnittkurven für die Einzelbelastungen B_1 (B_2) sowie für die kombinierte Belastung B_1 und B_2 bestimmen in ihrer Relation zueinander die Richtung und den Betrag einer Abweichung vom additiven Verhalten für die Output-Methode. Da die Ebenen $B_1 = 0$, $B_2 = 0$ und $B_1 - kB_2 = 0$ des Output-Verfahrens senkrecht zu einer Ebene W = const des Input-Verfahrens liegen, können die durch Schnitte mit der Kennfläche entstandenen Schnittkurven verschieden sein. Somit können sich auch die Bewertungsresultate einer Input- und einer Output-Untersuchung für ein und dasselbe System bei gekrümmter Kennfläche beträchtlich unterscheiden.

Aus den letzten Betrachtungen folgt, daß bei experimenteller Bestimmung des Input-Wertes K_b für ein Input-Output-System mit gekrümmter statischer Kennfläche ohne Kenntnis des funktionalen Zusammenhanges $W = f(B_1;B_2)$ nicht auf den Output-Wert K_w geschlosen werden kann und umgekehrt.

Die Bewertungskoeffizienten K_b und K_w sind für solche Systeme im allgemeinen voneinander verschieden.

Für biorhythmische Untersuchungen ist bei kombinierter Belastung mit 2 Noxen von einer periodisch schwankenden Kennfläche auszugehen. Für Systeme mit ebener Kennfläche gemäß der Beziehung (2.30) kann analog zur Formel (2.28) folgende zeitliche Abhängigkeit für die im allgemeinen nach Betrag und Phase unterschiedlich oszillierenden Koeffizienten k_1 und k_2 formuliert werden (lineares zeitvariantes System):

$$k_i(t) = \bar{k}_i + \sum_{\nu=1}^{m} (a_{i\nu} \cos \nu\omega t + b_{i\nu} \sin \nu\omega t) \qquad (i = 1,2) \tag{2.36}$$

Setzt man diese zeitabhängigen k_i-Werte in die Funktionsgleichung (2.30) ein, so ergibt sich für die Kombinationswirkung:

$$W_{12}(t) = \bar{k}_1 B_1 + \bar{k}_2 B_2 + \sum_{\nu=1}^{m} [(a_{1\nu} B_1 + a_{2\nu} B_2) \cos \nu\omega t + (b_{1\nu} B_1 + b_{2\nu} B_2) \sin \nu\omega t] \tag{2.37}$$

Die periodische Schwankung der Kombinationswirkung $W_{12}(t)$ kann gegenüber derjenigen der Einzelwirkung $W_1(t)$ bzw. $W_2(t)$ je nach dem Betrag des Koeffiziententerms der einzelnen Cosinus- und Sinusglieder verstärkt oder abgeschächt sein. Die Periodizität von $W_{12}(t)$ verschwindet völlig, wenn folgende Bedingungen erfüllt sind:

$$a_{1\nu} B_1 + a_{2\nu} B_2 = 0; \quad b_{1\nu} B_1 + b_{2\nu} B_2 = 0 \qquad (\nu = 1, 2, \ldots, m) \tag{2.38}$$

Für den symmetrischen Fall gleicher Belastungsstärke $B_1 = B_2$ ergibt sich dann:

$$a_{1\nu} = -a_{2\nu}; \; b_{1\nu} = -b_{2\nu} \qquad (\nu = 1, 2, \ldots, m) \tag{2.39}$$

Dies bedeutet, daß in diesem Fall alle periodischen Anteile von k_1 und k_2 gegenphasig schwingen.

2.5 Dynamisches Verhalten von Input-Output-Systemen

Die menschlichen und tierischen Organismen sind komplizierte Systeme, in denen eine Vielzahl von Regulationen im physiologischen und biochemischen Bereich stattfinden. Eine biologische Regelung kann als Festwertregelung zum Zwecke einer Konstanz des inneren Milieus oder als Folgeregelung zum Zwecke einer Anpassung des Organismus an äußere Einwirkungen vollzogen werden. Analog den technischen Systemen kann man auch bei biologischen Systemen von einer Struktur aus Baueinheiten mit bestimmten dynamischen Eigenschaften ausgehen. Im Unterschied zur Technik ist es jedoch in den meisten Fällen nicht möglich, biologische Bauelemente einzeln isoliert auf ihre Funktion zu untersuchen und aus den Kenntnissen über das Zusammenwirken einzelner Glieder auf die Eigenschaften größerer Übertragungssysteme zu schließen. Aus diesem Grunde ist die Black-Box-Methode auch zur Untersuchung der dynamischen Eigenschaften komplexer Systeme von Bedeutung (HILDEBRANDT 1961, HASSENSTEIN 1967, DOST 1968, MARIENFELD 1970, PESCHEL 1970, SCHWEIZER 1970, BEIER et al. 1972, KINDLER 1972, ZWIENER 1976). Im folgenden sollen Belastung-Wirkung-Systeme in ihrem dynamischen Verhalten betrachtet werden.

2.5.1 Dynamisches Verhalten bei Einzeleinwirkung einer Noxe

Bei der dynamischen Betrachtung eines Belastung-Wirkungs-Systems stellen sowohl die Eingangsgröße (Belastungsstärke B) als auch die Ausgangsgröße (Wirkungsstärke W) zeitlich veränderliche Größen dar, d.h. es sind B = B(t) und W = W(t). Durch ein Input-Output-System wird stets die Input-Größe B(t) in die Output-Größe W(t) umgewandelt, die zu der ersteren in einem eindeutigen funktionalen Zusammenhang steht (Abb. 16). Unter der Voraussetzung, daß die betrachteten Abweichungen vom Ausgangszustand hinreichend klein bleiben, kann ein solches Übertragungssystem als linear angesehen werden. Ein lineares Übertragungssystem ist dadurch gekennzeichnet, daß sich mehrere im System vorhandene Bewegungsformen ungestört additiv überlagern (Superpositionsprinzip) (WOSCHNI 1964, KINDLER 1972, UNBEHAUEN 1980).

Abb. 16: Übertragungssystem mit der Eingangsgröße B(t) und der Ausgangsgröße W(t)

Sind $B(t)^{(1)}$ und $B(t)^{(2)}$ zwei willkürliche Eingangssignale sowie $W(t)^{(1)}$ und $W(t)^{(2)}$ die ihnen entsprechenden Ausgangssignale, so gilt für ein lineares System, daß es auf die Eingangsgröße $h_1B(t)^{(1)} + h_2B(t)^{(2)}$ mit der Ausgangsgröße $h_1W(t)^{(1)} + h_2W(t)^{(2)}$ antwortet. Diese Bedingung wird durch ein System mit linearer Kennlinie entsprechend Formel (2.22) erfüllt.

Die mathematische Beschreibung der dynamischen Eigenschaften eines linearen zeitinvarianten Übertragungssystems oder -gliedes kann grundsätzlich durch 3 verschiedene Verfahren erfolgen, und zwar erstens mit Hilfe einer linearen Differentialgleichung, zweitens durch den komplexen Frequenzgang bzw. die Übertragungsfunktion (Kennfunktionen im Frequenzbereich) und drittens durch die Übergangsfunktion bzw. die Gewichtsfunktion (Kennfunktionen im Zeitbereich).

2.5.1.1 Lineare Differentialgleichung

Das dynamische Verhalten eines linearen Übertragungssystems für Belastungsuntersuchungen läßt sich durch eine lineare Differentialgleichung mit konstanten Koeffizienten a, b beschreiben:

(2.40) $$a_nW^{(n)} + ... + a_2\ddot{W} + a_1\dot{W}_1 + a_oW = \\ = b_mB^{(m)} + ... + b_2\ddot{B} + b_1\dot{B} + b_oB$$

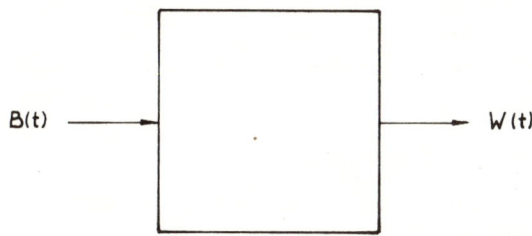

Durch Nullsetzen der rechten Seite dieser Gleichung ergibt sich die homogene Differentialgleichung:

(2.41) $a_n W^{(n)} + ... + a_2 \ddot{W} + a_1 \dot{W} + a_0 W = 0$

Durch sie wird der Einschwingvorgang bei einer Störung des sich im Gleichgewicht befindenden Systeme wiedergegeben. Die Glieder $a_i W^{(i)}$ (i = 1, 2, ..., n) werden Verzögerungsglieder genannt. Sie bewirken zeitliche Verzögerungen der Ausgangsgröße W(t) gegegenüber dem Eingangssignal B(t). Der Term der rechten Seite der inhomogenen Differentialgleichung (2.40) wird als Störfunktion bezeichnet. Er bestimmt den stationären Verlauf, der sich nach Abklingen des Einschwingvorganges ergibt.

Dabei sind die Belastungsstärke B und die Wirkungsstärke W Funktionen der Zeit sowie $\dot{B}$, $\ddot{B}$, ..., $B^{(m)}$ und $\dot{W}$, $\ddot{W}$, ..., $W^{(n)}$ die ersten bis m-ten (n-ten) Ableitungen dieser Funktionen nach der Zeit.

Die Aufstellung einer Differentialgleichung zur Beschreibung eines Übertragungssystems erfordert die Kenntnis des inneren Aufbaues der einzelnen Glieder dieses Systems. Für die Untersuchung biologischer Systeme ist dieses Verfahren wegen der ungenügenden Kenntnis der Struktur und der funktionellen Eigenschaften einzelner Teilsysteme weniger geeignet (DRISCHEL 1952/53).

2.5.1.2 Frequenzgang und Übertragungsfunktion

Wirkt auf ein lineares Übertragungsglied oder System ein sinusförmiges Eingangssignal B(t) von der allgemeinen Form

(2.42) $B(t) = B_0 \exp(i\omega t)$

ein, so wird sich die Ausgangsgröße W(t) im eingeschwungenen Zustand ebenfalls mit der gleichen Frequenz ändern:

(2.43) $W(t) = W_0 \exp[i(\omega t + \varphi)]$

Gegenüber der Eingangsgröße ist eine Amplitudenänderung von B_0 auf W_0 sowie eine Phasenverschiebung φ aufgetreten.

Das Verhältnis

(2.44) $G(i\omega) = W(t)/B(t) = (W_0/B_0) \exp(i\varphi)$

wird der komplexe Frequenzgang des Übertragungssystems genannt. Der Frequenzgang $G(i\omega)$ gibt sowohl die Ampitudenänderungen als auch die Phasenverschiebungen an, welche sinusförmige Signale mit der Kreisfrequenz ω beim Durchlaufen des Systems erfahren. Bestimmt man für alle Frequenzen das Amplitudenverhältnis W_0/B_0 sowie die Phasenverschiebung φ und stellt diesen Frequenzgang in der komplexen Zahlenebene dar, so erhält man die Ortskurve (NYQUIST-Diagramm) des betreffenden Übertragungssystems. Bei getrennter Darstellung des Frequenzganges der beiden Größen W_0/B_0 und φ ergeben sich die Amplitudenkennlinie $|G(i\omega)|$ und die Phasenkennlinie $\varphi(\omega)$ des Übertragungssystems (BODE-Diagramm).

Die Anwendung des Frequenzgang-Verfahrens kann auf nichtsinusförmige periodische Einwirkungen erweitert werden, da ein periodischer Verlauf in eine Grundschwingung sowie in harmonische Oberschwingungen zerlegt werden kann (FOURIER-Analyse).

Eine für biologische Systeme ausgezeichnete, natürliche Frequenz ist die Circadianfrequenz $f_c = 1{,}15.10^{-5}$ Hz. Bedingt durch die Erdrotation zeigen viele geophysikalische Parameter (Lichtintensität, Temperatur usw.) eine periodische Schwankung mit der Periodendauer $T_c = 24$ h. Als Antwort auf diese periodische Reizung durch Umweltfaktoren resultiert im Organismus ein gleichfrequenter Rhythmus vieler biologischer Parameter.

Da der zeitliche Verlauf der Input-Größen (geophysikalische Parameter) nicht streng sinusförmig erfolgt, sind neben der circadianen Grundfrequenz auch höherfrequente Schwingungsanteile vorhanden, die ebenfalls bei den Output-Größen (biologische Parameter) wiederzufinden sind.

Der komplexe Frequenzgang G(iω) stellt ein partikuläres Integral der Differentialgleichung (2.40) dar (WOSCHNI 1964). Er berücksichtigt nur die stationäre Lösung, jedoch nicht die Einschwingvorgänge bei sinusförmiger Erregung. Durch Einführung der Übertragungsfunktion G(p) mit $p = \delta + i\omega$ können auch anklingende und abklingende Schwingungsvorgänge betrachtet werden.

Die Übertragungsfunktion G(p) ist definiert als der Quotient der LAPLACE-Transformierten der Ausgangsgröße W(t) und der Eingangsgröße B(t) des Übertragungssystems, wenn die Anfangsbedingungen gleich Null sind (KINDLER 1972):

(2.45) $G(p) = L\{W(t)\} / L\{B(t)\}$

für $W(+0) = \dot{W}(+0) = \ldots = W^{(n-1)}(+0) = 0$

und $B(+0) = \dot{B}(+0) = \ldots = B^{(m-1)}(+0) = 0$

Die LAPLACE-Transformation ist eine Funktionaltransformation, durch welche eine Originalfunktion B(t) bzw. W(t) (Oberfunktion) in eine Spektralfunktion L {B(t)} bzw. L {W(t)} (Unterfunktion) transfomiert wird (DOETSCH 1947, DOBESCH 1967, DOBESCH und SULANKE 1970).

Die Übertragungsfunktion G(p) stellt eine Kennfunktion dar, durch welche die dynamischen Eigenschaften eines linearen Systems vollständig bestimmt sind. G(p) ist von der speziellen Form der Funktionen W(t) und B(t) unabhängig. Wirkt auf ein System ein Eingangssignal beliebiger Form ein und sind die Anfangswerte gleich Null, so ergibt sich die LAPLACE-Transformierte der Ausgangsgröße durch Multiplikation der LAPLACE-Transformierten der Eingangsgröße mit G(p):

(2.46) $L\{W(t)\} = G(p)\, L\{B(t)\}$

Durch Rücktransformation erhält man die Antwort W(t) des Übertragungssystems im Zeitbereich. Die Übertragungsfunktion eines linearen Systems kann bei bekannter Differentialgleichung (2.40) anhand der Koeffizienten a, b berechnet werden:

(2.47) $G(p) = (b_m p^m + b_{m-1} p^{m-1} + \ldots + b_o)/(a_n p^n + a_{n-1} p^{n-1} + \ldots + a_o)$

Aus der Übertragungsfunktion G(p) ergibt sich für den Sonderfall $p = i\omega$ der komplexe Frequenzgang G(iω).

Tabelle 1: Gleichung bzw. Differentialgleichung (GL/DGL) und Übertragungsfunktion G(p) einiger Übertragungssysteme

Übertragungssystem	GL/DGL	G(p)
P-System 0. Ordnung	$W = kB$	k
P-System 1. Ordnung	$T\dot{W}+W = kB$	$k/(1+Tp)$
P-System 2. Ordnung	$T_2\ddot{W}+T_1\dot{W}+W = kB$	$k/(1+T_1p+T_2p^2)$
D-System 0. Ordnung	$W = kT\dot{B}$	kTp
D-System 1. Ordnung	$T\dot{W}+W = kT\dot{B}$	$kTp/(1+Tp)$
D-System 2. Ordnung	$T_2\ddot{W}+T_1\dot{W}+W = k\dot{B}$	$kp/(1+T_1p+T_2p^2)$
Totzeit-System	$W(t) = kB(t-T_o)$	$k \exp(-pT_o)$

In Tabelle 1 sind die Gleichungen bzw. Differentialgleichungen und die Übertragungsfunktionen einiger Übertragungssysteme zusammengestellt. Es werden dabei proportionalwirkende Systeme (P-Systeme), differenzierende Systeme (D-Systeme) sowie ein Totzeit-System berücksichtigt.

2.5.1.3 Übergangsfunktion und Gewichtsfunktion

Für eine Untersuchung des dynamischen Verhaltens eines Systems im Zeitbereich sind zwei Eingangsfunktionen charakteristisch, die Sprungfunktion und die Stoßfunktion.

Wird ein lineares Übertragungssystem zum Zeitpunkt $t_o = 0$ durch eine sprungförmige Änderung der Belastungsstärke von $B = 0$ auf $B = 1$ (Einheitssprung) erregt, so gilt für diese Einheitssprungfunktion:

(2.48) $$B(t) = \begin{cases} 0 \text{ für } t < t_o \\ 1 \text{ für } t > t_o \end{cases}$$

Die Antwort des Systems auf einen Einheitssprung heißt Übergangsfunktion w(t). Die Antwortfunktion W(t) auf ein sprungförmiges Eingangssignal der Höhe h läßt sich berechnen, wenn die Übergangsfunktion w(t) bekannt ist. Dabei gilt für ein lineares System:

(2.49) $$W(t) = h\, w(t)$$

Neben der Sprungfunktion ist eine zweite Eingangsfunktion von Bedeutung, die Stoßfunktion. Hierbei wird als Eingangsgröße ein kurzer Stoß vereinbart, dessen Stoßhöhe B und dessen Stoßdauer $\Delta\tau$ betrage. Man führt eine Normierung durch und definiert als Einheitsstoß denjenigen Stoß, dessen Integralwert

(2.50) $$\int_0^\infty \hat{B}\, d\tau = 1$$

ist. Dabei läßt man $\hat{B} \rightarrow \infty$ und $\Delta\tau \rightarrow 0$ gehen, wobei Gleichung (2.50) erhalten bleibt. Dieser Einheitsstoß heißt auch DIRAC-Stoß und ist mathematisch im Sinne der Distribution als Ableitung des Einheitssprunges erklärt (WOSCHNI 1964). Für die Praxis genügt es, wenn die Stoßdauer $\Delta\tau$ so kurz ist, daß sich das System praktisch während dieser Stoßdauer noch im Ruhezustand befindet.

Die Antwortfunktion eines linearen Systems auf einen Einheitsstoß heißt Gewichtsfunktion g(t). Bei h-fachem Integralwert (2.50) gilt analog zur Gleichung (2.49):

(2.51) $W(t) = h\, g(t)$

Die Kennfunktionen im Zeitbereich w(t) und g(t) entsprechen der Kennfunktion im Frequenzbereich G(p). Sie sind ineinander umrechenbar:

(2.52) $G(p) = p\, L\, \{w(t)\}$

(2.53) $G(p) = L\, \{g(t)\}$

Die Übertragungsfunktion ist die LAPLACE-Transformierte der Gewichtsfunktion.

Sprungförmige und stoßförmige Belastungen des Organismus durch Umweltfaktoren treten in vielfältiger Form auf. Zum Beispiel findet beim Übergang von einer hellen zu einer dunklen Umgebung ein Helligkeitssprung oder beim Überwechseln aus einem kalten in einen warmen Raum ein Sprung der Lufttemperatur statt. Stoßartige Belastungen des Organismus treten bei oraler, percutaner oder intravenöser Applikation chemischer Therapeutika auf.

Tabelle 2: Übergangsfunktion w(t) einiger Übertragungssysteme

Übertragungssystem	w(t)	
P-System 0. Ordnung	k	
P-System 1. Ordnung	$k[1-\exp(-t/T)]$	
P-System 2. Ordnung	$k[1-C_1\exp(-\delta t)\sin(\omega t+\varphi)]$	für $D<1$
	$k[1-C_2\exp(-t/T_1)+C_3\exp(-t/T_2)]$	für $D>1$
	$k[1-C_4 t\exp(-\delta t)]$	für $D=1$
D-System 1. Ordnung	$k\exp(-t/T)$	
D-System 2. Ordnung	$C_1\exp(-\delta t)\sin(\omega t+\varphi)$	für $D<1$
	$C_2\exp(-t/T_1)-C_3\exp(-t/T_2)$	für $D>1$
	$C_4 t\exp(-\delta t)$	für $D=1$
Totzeit-System	k	für $t>T_o$

In Tabelle 2 sind die Übergangsfunktionen (Sprungantworten) für proportionalwirkende Systeme (P-Systeme) ohne Zeitabhängigkeit (0. Ordnung) sowie mit zeitlichen Verzögerungen 1. und 2. Ordnung, für differenzierende Systeme (D-Systeme) mit Verzögerungen 1. und 2. Ordnung sowie für ein Totzeit-System angegeben. Bei den P- und D-Systemen 2. Ordnung nimmt die Übergangsfunktion verschiedene Formen an, je nachdem, ob der Dämpfungsgrad D des Systems kleiner, größer oder gleich Eins ist. Hierbei gilt mit ω_o als Eigenkreisfrequenz des Systems:

(2.54) $D = \delta/\omega_o;\ \delta = T_1/2T_2;\ \omega_o^2 = 1/T_2;\ \omega^2 = \omega_o^2 - \delta^2$

P- und D-Systeme mit Verzögerungen 2. Ordnung sind im organismischen Bereich häufig anzutreffen (DRISCHEL 1952/1953).

Neben den genannten P- und D-Systemen haben Totzeit-Systeme in der Biologie eine besondere Bedeutung. Bei Übertragungsstrecken mit geringer Leitungsgeschwindigkeit (nervöse Leitungswege, hormonale Übertragungsstrecken) ist mit Laufzeiten zu rechnen

(Totzeit-Effekt). Die Begriffe „Latenzzeit“ oder „Reaktionszeit“ deuten darauf hin, daß biologische Wirkungen zeitverzögert gegenüber den Eingangssignalen auftreten.

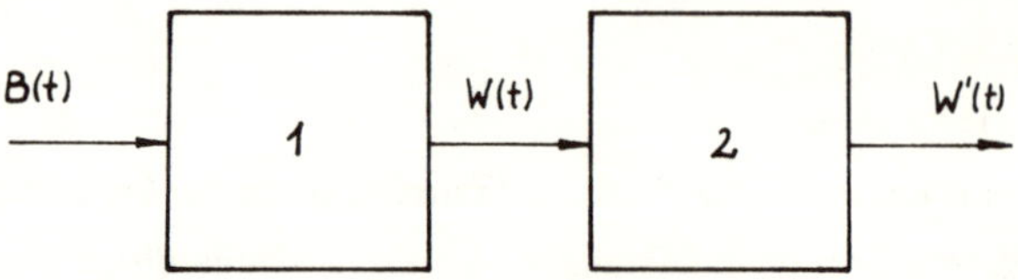

Abb. 17: Serienschaltung eines beliebigen linearen Systems (1) mit einem Totzeit-System (2)

Bei einem Totzeit-System mit dem Verstärkungsfaktor k = 1 wiederholt die Ausgangsgröße W(t) die Eingangsgröße B(t) mit einer konstanten Zeitverschiebung (Totzeit T_o), ohne ihren Verlauf zu ändern. Durch Serienschaltung eines beliebigen P- oder D-Systems (1) mit einem solchen Totzeit-System (2) kann die Ausgangsgröße W(t) des ersten Systems auf

(2.55) $W(t)' = W(t-T_o)$

beim Durchlaufen des zweiten Systems verzögert werden (Abb. 17).

Die in Tabelle 2 angegebenen Übergangsfunktionen sind in den Abb. 18 und 19 schematisch dargestellt.

a
b
c
d
e

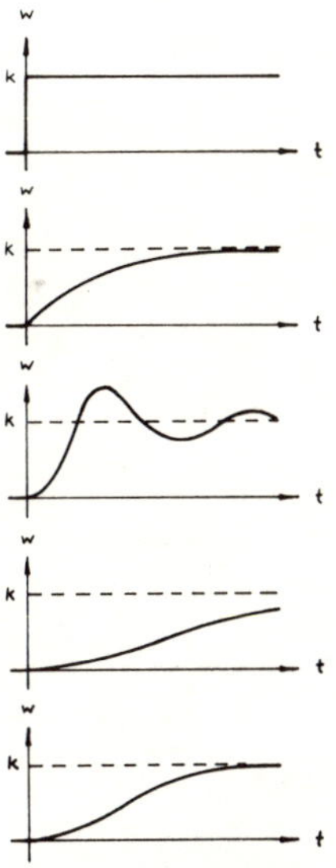

Abb. 18: Übergangsfunktion w(t) für ein P-System 0. Ordnung (a), 1. Ordnung (b) und 2. Ordnung bei geringer (c), starker (d) und aperiodischer (e) Dämpfung

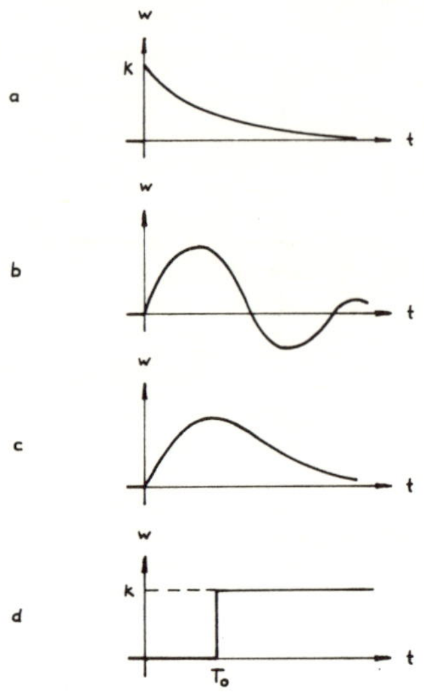

Abb. 19: *Übergangsfunktion w(t) für ein D-System 1. Ordnung (a) und 2. Ordnung bei geringer (b) und starker (c) Dämpfung sowie für ein Totzeit-System mit der Totzeit T_0 (d)*

Bei unseren experimentellen Untersuchungen wurden sprungförmige Änderungen der Belastungsstärke für die physikalischen Noxen Lärm und Ganzkörperschwingungen angewendet, während stoßförmige Belastungsstärkeänderungen bei den chemischen Noxen Acrylnitril, Cyclohexanon, Cyclohexanonoxim und Tetrachlorkohlenstoff benutzt wurden (vgl. Abschnitte 4.2 und 4.3).

2.5.2 Dynamisches Verhalten bei kombinierter Einwirkung von Noxen

Bei kombinierter Einwirkung von zwei Noxen 1 und 2 auf ein organismisches System sind als Eingangsgrößen die Belastungsstärken $B_1(t)$ und $B_2(t)$ dieser Noxen sowie als Ausgangsgröße die Wirkungsstärke $W_{12}(t)$ der Kombinationswirkung für den zu untersuchenden biologischen Parameter anzusehen.

2.5.2.1 Antwortfunktion

Für die folgenden Betrachtungen wird in Analogie zum Abschnitt 2.5.1 ein lineares Übertragungssystem (KINDLER 1972, DRISCHEL 1973, UNBEHAUEN 1980) vorausgesetzt.

Sind $B_1(t)$ und $B_2(t)$ zwei willkürliche Eingangssignale der Noxen 1 und 2 sowie $W_1(t)$ und $W_2(t)$ die ihnen entsprechenden Ausgangssignale bei Einzeleinwirkung dieser Noxen, so ergibt sich für ein lineares System bei kombinierter Einwirkung der Noxen 1 und 2 mit den Belastungsstärken $h_1B_1(t)$ und $h_2B_2(t)$ die Antwortfunktion:

(2.56) $$W_{12}(t) = h_1W_1(t) + h_2W_2(t)$$

Aus der Eigenschaft der Linearität folgt unmittelbar, daß im Fall der Einzeleinwirkung einer Noxe mit der Eingangsfunktion $hB_i(t)$ die Ausgangsfunktion $hW_i(t)$ resultiert (i = 1, 2). Diese spezielle Eigenschaft heißt Homogenität. Die im Sonderfall $h_1 = h_2 = 1$ durch Gleichung (2.56) ausgedrückte Eigenschaft wird Additivität genannt:

(2.57) $$W_{12}(t) = W_1(t) + W_2(t)$$

Homogenität und Additivität zusammen sind zur Linearität äquivalent. Ein Belastung-Wirkung-System mit ebener Kennfläche entsprechend Formel (2.30) genügt der Linearitätsforderung.

Ein organismisches System kann stets dann näherungsweise als linear angesehen werden, wenn die betrachteten Abweichungen vom Ausgangszustand hinreichend klein bleiben. Bei vorausgesetzter Linearität können die dynamischen Eigenschaften eines Übertragungssystemes für zwei verschiedene, einzeln einwirkende Noxen dennoch unterschiedlich sein, d.h. hinsichtlich der dynamischen Betrachtung eines Systems können für zwei verschiedene, einzeln einwirkende Noxen unterschiedliche System-Typen existieren.

Es soll jetzt der spezielle Fall näher untersucht werden, daß das dynamische Verhalten eines Systems bei Einzeleinwirkung von zwei verschiedenen Noxen anhand derselben Beziehungen eines P-Systems 0. Ordnung (vgl. Tabellen 1 und 2) beschreibbar ist. Für ein solches P-System gelten dann folgende Gleichungen, wenn für die zwei einzeln einwirkenden Noxen 1 und 2 unterschiedliche Verstärkungsfaktoren k_1 und k_2 vorausgesetzt werden:

(2.58) $$W_1(t) = k_1B_1(t)$$
$$W_2(t) = k_2B_2(t)$$

Bei kombinierter Einwirkung dieser Noxen ergibt sich als Antwortfunktion entsprechend Formel (2.57):

(2.59) $$W_{12}(t) = k_1B_1(t) + k_2B_2(t)$$

Die Koeffizienten k_1 und k_2 haben hierbei im allgemeinen nicht nur unterschiedliche Beträge, sondern sind für qualitativ verschiedene Noxen auch unterschiedlich dimensionsbehaftet. Dies bedeutet, daß beispielsweise für das hier betrachtete P-System 0. Ordnung bei Einzeleinwirkung von zwei verschiedenen Noxen auch zwei unterschiedliche Übertragungsfunktionen $G_1(p) = k_1$ und $G_2(p) = k_2$ gemäß Formel (2.47) resultieren.

Die primären Belastungsstärkefunktionen $B_1(t)$ und $B_2(t)$ sollen nun im Fall gleichgerichteter Wirkungen ($\text{sgn}\, W_1 = \text{sgn}\, W_2$) analog zur Formel (2.14) in folgende dimensionslose sekundäre Belastungsstärkefunktionen $z_1(t)$ und $z_2(t)$ umgewandelt werden:

(2.60) $$z_1(t) = B_1(t)/B_{10} \qquad (B_{10} \neq 0)$$
$$z_2(t) = B_2(t)/B_{20} \qquad (B_{20} \neq 0)$$

Dabei bedeuten B_{10} und B_{20} definitionsgemäß diejenigen Belastungsstärken der Noxen 1 und 2, die bei Einzeleinwirkung zur Erzielung einer beliebigen, aber gleichgroßen Wirkungsstärke $W_c = k'$ erforderlich sind.

Es besteht folgender Zusammenhang:

(2.61) $k' = k_1 B_{10}$; $k' = k_2 B_{20}$
$B_{10} : B_{20} = k_2 : k_1$

Die Größen B_{10} und B_{20} können bei vorgegebenem Wert $W = k'$ auch anhand der statischen Kennlinien der beiden Noxen bestimmt werden (Abb. 20).

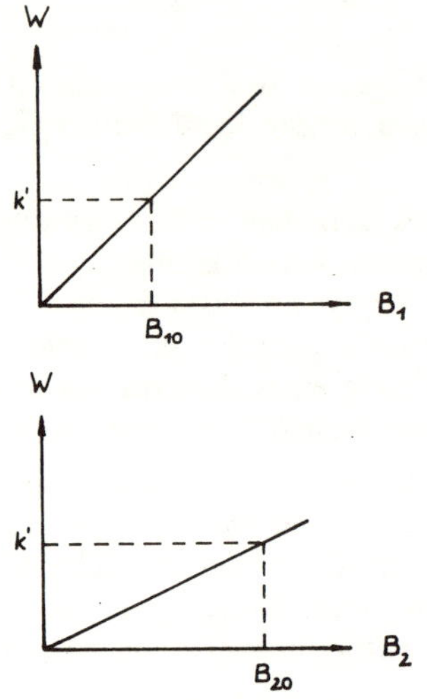

Abb. 20: Lineare Belastung-Wirkung-Kennlinien (B_{10} und B_{20} bedeuten die Belastungsstärken zur Erzielung einer gleichgroßen Wirkungsstärke $W = k'$)

Bei Verwendung der dimensionslosen Funktionen $z_i(t)$ erhält man bei Einzeleinwirkung der Noxen 1 und 2 anstelle der Beziehungen (2.58):

(2.62) $W_1(t) = k' z_1(t)$
$W_2(t) = k' z_2(t)$

Durch die Normierung gemäß Formel (2.60) ergibt sich eine Gleichheit des Verstärkungsfaktors k'. Der Faktor k' ist nicht dimensionslos, sondern hat die Dimension der Größe W. Wichtig bei diesem Transformationsschritt ist, daß auch eine Gleichheit der Übertragungsfunktion

(2.63) $G'_1(p) = G'_2(p) = k'$

resultiert. Dadurch kann die mathematische Behandlung des dynamischen Systemverhaltens bei kombinierter Einwirkung von zwei verschiedenen Noxen zurückgeführt werden auf die Behandlung von zwei unterschiedlichen Einwirkungen einer einzigen Noxe.

Bei kombinierter Einwirkung der Noxen 1 und 2 erhält man gemäß Formel (2.57):

(2.64) $W_{12}(t) = k' [z_1(t) + z_2(t)]$

Im folgenden werden sprungförmige Belastungsstärkeänderungen betrachtet. Dabei sollen für die Größen $z_1(t)$ und $z_2(t)$ zu verschiedenen Zeiten Einheitssprünge stattfinden:

$$z_1(t) = \begin{cases} 0 & \text{für } t < t_{o1} \\ 1 & \text{für } t > t_{o1} \end{cases} \tag{2.65}$$

$$z_2(t) = \begin{cases} 0 & \text{für } t < t_{o2} \\ 1 & \text{für } t > t_{o2} \end{cases}$$

Bei Einzeleinwirkung der Noxen 1 und 2 ergibt sich als Antwort des betrachteten P-Systems 0. Ordnung:

$$W_1(t) = \begin{cases} 0 & \text{für } t < t_{o1} \\ k' & \text{für } t > t_{o1} \end{cases} \tag{2.66}$$

$$W_2(t) = \begin{cases} 0 & \text{für } t < t_{o2} \\ k' & \text{für } t > t_{o2} \end{cases}$$

Bei kombinierter Einwirkung dieser Noxen resultiert folgende Antwortfunktion, wenn $t_{o1} < t_{o2}$ vorausgesetzt wird:

$$W_{12}(t) = \begin{cases} 0 & \text{für } t < t_{o1} \\ k' & \text{für } t_{o1} < t < t_{o2} \\ 2\,k' & \text{für } t > t_{o2} \end{cases} \tag{2.67}$$

Für den Sonderfall $t_{o1} = t_{o2}$ lautet die Antwort:

$$W_{12}(t) = \begin{cases} 0 & \text{für } t < t_{o1} \\ 2\,k' & \text{für } t > t_{o1} \end{cases} \tag{2.68}$$

Analoge Überlegungen gelten auch für andere lineare Übertragungssysteme.

2.5.2.2 Bewertung der Kombinationswirkung

Eine Bewertung der Kombinationswirkung ist bei einer Berücksichtigung des dynamischen Verhaltens eines biologischen Vorganges anhand der Funktion $W_1(t)$, $W_2(t)$ und $W_{12}(t)$ entsprechend dem Output-Verfahren (vgl. Abschnitt 2.2) vorzunehmen. Dabei gilt für den zeitlichen Verlauf einer Wirkungsstärke W_i analog zur Formel (2.1):

$$W_i(t) = \pm\,[y_i(t) - y_o(t)] \qquad (i = 1;\, 2;\, 12) \tag{2.69}$$

Sind die Zeitfunktionen $W_i(t)$ für einen ausgewählten Beobachtungszeitraum $T = t_b - t_a$ bekannt, so kann für dieses Intervall T eine mittlere Wirkungsstärke $\overline{W}_i$ definiert werden (Abb. 21):

$$\overline{W}_i = (1/T) \int_{t_a}^{t_b} W_i(t)\, dt \qquad (i = 1;\, 2;\, 12) \tag{2.70}$$

Für eine Bewertung wird man den Zeitpunkt t_a zweckmäßig so wählen, daß mindestens eine der Bedingungen $t_1 \leq t_a$ und $t_2 \leq t_a$ erfüllt ist. Dabei sind t_1 und t_2 die Zeiten des Wirkungsbeginns entsprechend Abb. 21.

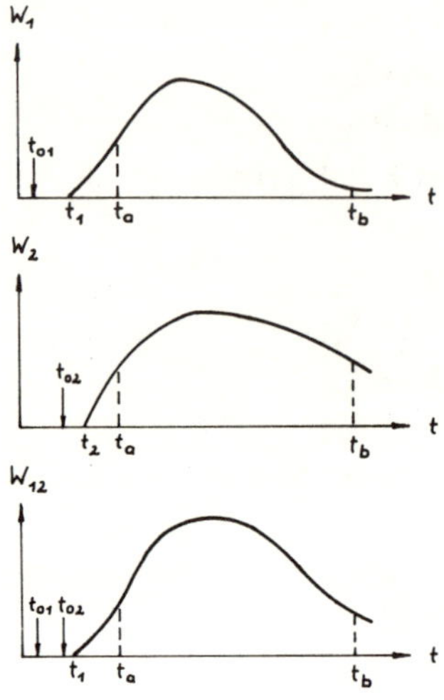

Abb. 21: *Zur Bewertung von Kombinationswirkungen (t_{01} und t_{02} bedeuten die Zeiten des Expositionsbeginns für die Noxen 1 und 2)*

Eine Bewertung der Kombinationswirkung für einen Beobachtungszeitraum T kann anhand der Mittelwerte $\overline{W}_i$ analog der Bedingungen (2.6) und (2.7) erfolgen ($\overline{W}_1 + \overline{W}_2 \geq 0$):

(2.71) $\overline{W}_{12} > \overline{W}_1 + \overline{W}_2$ Kombinationswirkung output-überadditiv
$\overline{W}_{12} = \overline{W}_1 + \overline{W}_2$ Kombinationswirkung output-additiv
$\overline{W}_{12} < \overline{W}_1 + \overline{W}_2$ Kombinationswirkung output-unteradditiv

Es wird nun ebenfalls ein mittlerer Output-Koeffizient $\overline{K}_w$ definiert:

(2.72) $\overline{K}_w = \overline{W}_{12} / (\overline{W}_1 + \overline{W}_2)$ $(\overline{W}_1 + \overline{W}_2 \neq 0)$

Eine Bewertung anhand des Koeffizienten $\overline{K}_w$ ergibt:

(2.73) $\overline{K}_w > 1$ Kombinationswirkung output-überadditiv
$\overline{K}_w = 1$ Kombinationswirkung output-additiv
$\overline{K}_w < 1$ Kombinationswirkung output-unteradditiv

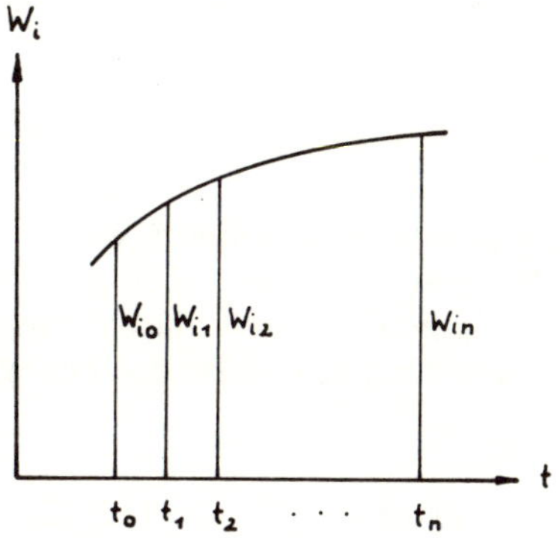

Abb. 22: Zur Berechnung der mittleren Wirkungsstärke $\overline{W}_i$ ($t_0 = t_a$, $t_n = t_b$)

Wenn das Beobachtungsintervall $T = t_b - t_a$ entsprechend Abb. 22 in n gleichgroße Teile unterteilt ist und die Wirkungsstärken W_{ij} (j = 0, 1, 2, ..., n) experimentell ermittelt sind, dann berechnet sich die mittlere Wirkungsstärke $\overline{W}_i$ näherungsweise zu:

(2.74) $$\overline{W}_i = (1/2n)\,(W_{io} + W_{in} + 2\sum_{j=1}^{n-1} W_{ij}) \qquad (i = 1\,;2;\,12)$$

Bei nichtzeitäquidistanter Meßwerterfassung ergibt sich die Größe W_i für das Zeitintervall T näherungszweise zu:

(2.75) $$\overline{W}_i = (1/T)\sum_{j=1}^{n} W_{ij}\,\Delta t_j \qquad (i = 1;\,2;\,12)$$

mit $\Delta t_j = t_j - t_{j-1}$

Eine Bewertung der Kombinationswirkung kann sowohl anhand der Mittelwerte $\overline{W}_i$ als auch anhand der Momentanwerte W_{ij} vorgenommen werden. Eine Momentanwert-Bewertung ergibt für output-überadditives, -additives und -unteradditives Verhalten in Analogie zu den Formeln (2.6) und (2.9):

(2.76) $$W_{12j} \gtreqless W_{1j} + W_{2j} \qquad (W_{1j} + W_{2j} \geq 0)$$

oder $$K_{wj} \gtreqless 1 \qquad (j = 0, 1, 2, ..., n)$$

mit $$K_{wj} = W_{12j}/(W_{1j} + W_{2j}) \qquad (W_{1j} + W_{2j} \neq 0)$$

Eine Sonderstellung bei der Bewertung von Kombinationswirkungen nehmen solche biologischen Prozesse ein, bei denen eine zeitliche Periodik auftritt. Ein biorhythmischer Vorgang y(t) ist durch die Kreisfrequenz ω, das Niveau a_0 sowie durch die Amplituden c_v und die Phasen φ_v der einzelnen Partialschwingungen gekennzeichnet (vgl. Abschnitt 3.2.1):

$$(2.77) \qquad y(t) = a_o + \sum_{\nu=1}^{m} c_\nu \cos(\nu\,\omega t - \varphi_\nu)$$

Im unbelasteten Zustand des Organismus soll für den zeitlichen Verlauf eines biologischen Parameters y gelten:

$$(2.78) \qquad y_o(t) = a_{oo} + \sum_{\nu=1}^{m} c_{\nu o} \cos(\nu\,\omega_o t - \varphi_{\nu o})$$

Bei einer Belastung des Organismus durch Noxen können Änderungen der Größen a_{oo} und/oder $c_{\nu o}$ und/oder $\varphi_{\nu o}$ und/oder ω_o auftreten. Dabei ist zu beachten, daß Phasen- und Frequenzänderungen nicht gleichzeitig erfaßbar sind. Im eingeschwungenen belasteten Zustand des Organismus soll für einen periodisch schwankenden biologischen Parameter geschrieben werden:

$$(2.79) \qquad y_i(t) = a_{oi} + \sum_{\nu=1}^{m} c_{\nu i} \cos(\nu\,\omega_i t - \varphi_{\nu i}) \qquad (i = 1\,;2;\ 12)$$

Die durch eine Belastung resultierenden Änderungen des Niveaus und/oder der Amplituden und/oder der Phasen und/oder der Frequenz sind gegeben durch:

$$(2.80) \qquad \begin{aligned} \Delta a_{oi} &= a_{oi} - a_{oo} \\ \Delta c_{\nu i} &= c_{\nu i} - c_{\nu o} \\ \Delta \varphi_{\nu i} &= \varphi_{\nu i} - \varphi_{\nu o} \\ \Delta \omega_i &= \omega_i - \omega_o \end{aligned} \qquad (i = 1;\ 2;\ 12;\ \nu = 1, 2, \ldots, m)$$

Nach dem Output-Verfahren (vgl. Abschnitt 2.2) werden zur Beurteilung des Kombinationsverhaltens des Niveaus, der Amplituden und der Frequenz eines biorhythmischen Vorganges folgende Koeffizienten definiert:

$$(2.81) \qquad \begin{aligned} K_{wn} &= \Delta a_{o12}/(\Delta a_{o1} + \Delta a_{o2}) && \text{Niveaukoeffizient} \\ K_{wa\nu} &= \Delta c_{\nu 12}/(\Delta c_{\nu 1} + \Delta c_{\nu 2}) && \text{Amplitudenkoeffizient} \\ K_{wf} &= \Delta \omega_{12}/(\Delta \omega_1 + \Delta \omega_2) && \text{Frequenzkoeffizient} \end{aligned}$$

Eine Bewertung des Kombinationsverhaltens der Phase kann anhand der Formel (2.5) durchgeführt werden.

Eine Bewertung der kombinierten Wirkung hinsichtlich des Niveaus und/oder der Amplitude und/oder der Frequenz des untersuchten biologischen Parameters kann in Analogie zur Output-Bewertung (vgl. Formel 2.9) folgendermaßen erfolgen:

$$(2.82) \qquad \begin{aligned} K_w &> 1 && \text{Kombinationswirkung output-überadditiv} \\ K_w &= 1 && \text{Kombinationswirkung output-additiv} \\ K_w &< 1 && \text{Kombinationswirkung output-unteradditiv} \end{aligned}$$

Während das Kombinationsverhalten des Niveaus und der Frequenz durch je eine einzige Maßzahl gekennzeichnet ist, erfolgt eine Bewertung der kombinierten Wirkung hinsichtlich der Amplitude und der Phase jeweils getrennt für die Grundschwingung ($\nu = 1$) und die einzelnen Oberschwingungen ($\nu = 2, 3, 4, \ldots$).

Wird der Untersuchungszeitraum über eine volle Periode $T = 2\,\pi/\omega$ der Grundschwingung oder ein Vielfaches derselben gelegt, so gilt:

$$(2.83) \qquad \overline{W}_i = \pm\, \Delta a_{oi} \qquad (i = 1;\ 2;\ 12)$$

Somit stimmen für diesen Spezialfall entsprechend den Beziehungen (2.72) und (2.81) auch der mittlere Output-Koeffizient $\bar{K}_w$ und der Niveaukoeffizient K_{wn} überein.

Ein Beispiel für solche periodische biologische Prozesse, bei denen sich unter einer Belastung vorrangig die Frequenz ändert, stellen der Herzaktionspotentiale (EKG) dar. Dagegen laufen exogen gesteuerte biorhythmische Vorgänge (z.B. circadianrhythmische Prozesse) mit konstanter Kreisfrequenz ω ab. Für diesen Sonderfall $\omega = \text{const}$ entfällt somit eine Frequenzbewertung.

Durch die Einführung der Koeffizienten K_{wn}, K_{wav} und K_{wf} läßt sich das Output-Bewertungsverfahren auch auf biorhythmische Vorgänge anwenden.

2.6 Verallgemeinertes Untersuchungsmodell

Die bisherigen Betrachtungen beschränken sich auf eine Untersuchung der kombinierten Belastung des Organismus mit 2 Noxen. Das Untersuchungsmodell soll jetzt auf den allgemeinen Fall einer beliebigen Anzahl n kombiniert auf ein organismisches Systems einwirkender Noxen erweitert werden.

2.6.1 Output-Untersuchung

Es soll die kombinierte Einwirkung von n Noxen auf einen Organimsus nach dem Output-Verfahren untersucht werden. Analog der Methodik für Belastungsexperimente mit 2 kombiniert einwirkenden Noxen (vgl. Abschnitt 2.2) erfolgt die Untersuchung bei konstanten Input-Größen und variabler Output-Größe.

Im Experiment werden zunächst bei Einzelbelastung (Einwirkung einer einzigen Noxe) mit den Belastungsstärken B_1, B_2, ..., B_n die zugehörigen Wirkungen der Stärke W_1, W_2, ..., W_n für den zu untersuchenden Parameter ermittelt (1. Versuchsserie).

In einer 2. Versuchsserie werden bei zweifach kombinierter Belastung (kombinierte Einwirkung von jeweils 2 Noxen) mit den Belastungsstärke-Paaren $(B_1;B_2)$, $(B_1;B_3)$, ..., $(B_1;B_n)$, $(B_2;B_3)$, $(B_2;B_4)$, ..., $(B_2;B_n)$, ..., $(B_{n-1};B_n)$ die zugehörigen Kombinationswirkungen der Stärke W_{12}, W_{13}, ..., W_{1n}, W_{23}, W_{24}, ..., W_{2n}, ..., $W_{n-1,\,n}$ bestimmt.

In jeder folgenden Versuchsserie wird die Anzahl der kombiniert einwirkenden Noxen jeweils um Eins erhöht und die entsprechenden Kombinationswirkungen untersucht, bis schließlich in einer n-ten Versuchsserie bei n-fach kombinierter Belastung (kombinierte Einwirkung von n Noxen) mit dem n-Tupel $(B_1;B_2; ...; B_n)$ die zugehörige Kombinationswirkung der Stärke $W_{12\,...\,n}$ ermittelt wird.

Zum Beispiel sind zur Untersuchung der kombinierten Einwirkung von 3 Noxen auf einen Organismus zunächst bei Einzelbelastung mit den Input-Größen B_1, B_2, B_3 die zugehörigen Wirkungsstärken W_1, W_2, W_3, dann bei zweifach kombinierter Belastung mit den Input-Paaren $(B_1;B_2)$, $(B_1;B_3)$, $(B_2;B_3)$ die zugehörigen Output-Größen W_{12}, W_{13}, W_{23} und schließlich bei dreifach kombinierter Belastung mit dem Input-Tripel $(B_1;B_2;B_3)$ die zugehörige Kombinationswirkungsstärke W_{123} zu bestimmen.

Eine Bewertung der Kombinationswirkung bei n-fach kombinierter Einwirkung von Noxen hinsichtlich eines output-überadditiven, -additiven oder -unteradditiven Effektes erfolgt anhand folgender Formel:

(2.84) $$W_1 + W_2 + \ldots + W_n \lesseqgtr W_{12} \ldots \hat{n} \qquad (W_1 + W_2 + \ldots + W_n > 0)$$

Hierbei wird die Kombinationswirkung bei n-fach kombinierter Belastung mit den Wirkungen bei Einzelbelastung verglichen (Hauptform der Bewertung). Ebenso können die Kombinationswirkungen bei zweifach, dreifach bis (n–1)-fach kombinierter Belastung mit den entsprechenden Wirkungen bei Einzelbelastung verglichen werden (Nebenform der Bewertung). Das vollständige Output-Bewertungssystem umfaßt sowohl die Haupt- als auch die Nebenform der Bewertung und lautet:

(2.85)
$$W_1 + W_2 \lesseqgtr W_{12};\ W_1 + W_3 \lesseqgtr W_{13};\ \ldots;\ W_1 + W_n \lesseqgtr W_{1n};$$
$$W_2 + W_3 \lesseqgtr W_{23};\ \ldots;\ W_2 + W_n \lesseqgtr W_{2n};$$
$$\ldots$$
$$W_{n-1} + W_n \lesseqgtr W_{n-1,\,n};$$
$$W_1 + W_2 + W_3 \lesseqgtr W_{123};\ W_1 + W_2 + W_4 \lesseqgtr W_{124};\ \ldots$$
$$\ldots$$
$$W_1 + W_2 + W_3 + \ldots + W_{n-1} \lesseqgtr W_{123\ldots n-1};\ \ldots$$
$$W_1 + W_2 + W_3 + \ldots + W_n \lesseqgtr W_{123\ldots n}$$

Dabei gelten die Zeichen $<$ für output-überadditives, $=$ für output-additives und $>$ für output-unteradditives Verhalten der betreffenden Kombinationswirkung in Relation zu den zugehörigen Wirkungen bei Einzelbelastung. Gelten für ein untersuchtes Input-Output-System bei allen Unterbeziehungen (2.85) die Gleichheitszeichen, so bestehen außerdem die Zusammenhänge:

(2.86)
$$W_1 + W_{23} = W_{123};\ \ldots;\ W_1 + W_{2n} = W_{12n};$$
$$\ldots$$
$$W_{12} + W_{34} = W_{1234};\ \ldots;\ W_{12} + W_{n-1,\,n} = W_{12,\,n-1,\,n}$$
$$\ldots$$
$$W_{12\ldots n-1} + W_n = W_{123\ldots n}$$

Beispielsweise gelten für ein lineares System bei Einwirkung von 3 Noxen die Beziehugnen:

(2.87)
$$W_1 + W_2 = W_{12};\ W_1 + W_3 = W_{13};\ W_2 + W_3 = W_{23}$$
$$W_1 + W_2 + W_3 = W_{123}$$

Hieraus folgt:

$$W_1 + W_{23} = W_{123};\ W_2 + W_{13} = W_{123};\ W_3 + W_{12} = W_{123}$$

Der statische Zusammenhang zwischen den Input-Komponenten $B_1, B_2, \ldots, B_n$ und der Output-Komponente W ist gegeben durch eine Funktion mit n Veränderlichen $W = f(B_1;B_2;\ \ldots;\ B_n)$. Für ein lineares System gilt nach Abschluß aller Übergangsprozesse die Beziehung:

(2.88) $$W = k_1B_1 + k_2B_2 + \ldots + k_nB_n$$

Bei der dynamischen Betrachtung eines Belastung-Wirkung-Systems stellen die Eingangs- und Ausgangssignale zeitlich veränderliche Größen dar. Sind $B_1(t)$, $B_2(t)$, ..., $B_n(t)$ die Eingangssignale der Noxen 1 bis n sowie $W_1(t)$, $W_2(t)$, ..., $W_n(t)$ die ihnen entsprechenden Ausgangssignale bei Einzeleinwirkung dieser Noxen, so resultiert für ein lineares System bei n-fach kombinierter Einwirkung der Noxen 1 bis n mit denselben Belastungsstärken $B_1(t)$ bis $B_n(t)$ die Antwortfunktion:

(2.89) $$W_{12\ldots n}(t) = W_1(t) + W_2(t) + \ldots + W_n(t)$$

Für den Sonderfall, daß das dynamische Verhalten eines linearen Systems bei Einzeleinwirkung von n verschiedenen Noxen stets durch ein P-System 0. Ordnung (vgl. Abschnitt 2.5.2.1) beschreibbar ist, gilt:

(2.90) $$W_i(t) = k_i B_i(t) \qquad (i = 1, 2, \ldots, n)$$

Es ist dann zweckmäßig, die Berechnungen mit den dimensionslosen relativen Belastungsstärke-Funktionen $z_i(t)$ durchzuführen:

(2.91) $$z_i(t) = B_i(t)/B_{io} \qquad (B_{io} \neq 0;\ i = 1, 2, \ldots, n)$$

Dabei bedeutet B_{io} die Belastungsstärke der i-ten einzeln einwirkenden Noxe zur Erzielung einer vorgegebenen Wirkungsstärke $W_c = k'$. Es resultieren dann die Beziehungen:

(2.92) $$W_i(t) = k' z_i(t) \qquad (i = 1, 2, \ldots, n)$$
$$k' = k_i B_{io}$$

Durch diese Normierung ergibt sich eine Gleichheit des Verstärkungsfaktors k'. Außerdem resultiert hieraus eine Gleichheit der Übertragungsfunktion:

(2.93) $$G'_1(p) = G'_2(p) = \ldots = G'_n(p) = k'$$

Dadurch kann die mathematische Behandlung des dynamischen Systemverhaltens bei kombinierter Einwirkung von n verschiedenen Noxen zurückgeführt werden auf die Behandlung von n unterschiedlichen Einwirkungen einer einzigen Noxe.

2.6.2 Input-Untersuchung

Es soll die kombinierte Einwirkung von n Noxen auf einen Organismus nach dem Input-Verfahren untersucht werden. Analog der Methodik zum Studium von 2 kombiniert einwirkenden Noxen (vgl. Abschnitt 2.3) erfolgt die Untersuchung mit variablen Input-Größen und konstanter Output-Größe. Die Input-Methode ist nur dann vollständig anwendbar, wenn sich für alle einzeln einwirkenden Noxen gleichgerichtete Wirkungen ergeben:

(2.94) $$\operatorname{sgn} W_1 = \operatorname{sgn} W_2 = \ldots = \operatorname{sgn} W_n$$

Im Experiment werden zunächst bei Einzelbelastung die für eine festgelegte konstante Wirkungsstärke W_c zugehörigen Belastungsstärken $B_{10}, B_{20}, \ldots, B_{n0}$ ermittelt (1. Versuchsserie).

In einer 2. Versuchsserie werden für dieselbe Output-Größe W_c bei zweifach kombinierter Belastung die Input-Paare $(B_{1r};B_{2r})$, $(B_{1r};B_{3r})$, ..., $(B_{1r};B_{nr})$, $(B_{2r};B_{3r})$, ..., $(B_{2r};B_{nr})$, ..., $(B_{n-1,r};B_{nr})$ bestimmt. Es war bereits in Abschnitt 2.3 hingewiesen worden, daß es für die beiden Input-Komponenten B_1 und B_2 nicht nur 1 Paar $(B_{11};B_{12})$, sondern unendlich viele Paare $(B_{1r};B_{2r})$ gibt, bei denen ein und dieselbe Wirkungsstärke W_c resultiert (r = 1, 2, 3, ...). Entsprechendes gilt für alle anderen Belastungspaare sowie auch für Belastungsserien mit mehr als 2 gleichzeitig einwirkenden Noxen.

In jeder folgenden Versuchsserie wird die Anzahl der kombiniert einwirkenden Noxen zur Erzielung einer festgelegten konstanten Wirkungsstärke W_c jeweils um Eins erhöht, bis schließlich in einer n-ten Versuchsserie bei n-fach kombinierter Belastung das n-Belastungstupel $(B_{iv};\ B_{2v};\ \ldots;\ B_{nv})$ ermittelt wird (v = 1, 2, 3, ...).

Zum Beispiel sind zur Untersuchung der kombinierten Einwirkung von 3 Noxen auf einen Organismus für eine vorgegebene Output-Größe W_c zunächst bei Einzelbelastung die Input-Größen B_{10}, B_{20}, B_{30}, dann bei zweifach kombinierter Belastung die Input-Paare $(B_{1r};B_{2r})$, $(B_{1r};B_{3r})$, $(B_{2r};B_{3r})$ und schließlich bei dreifach kombinierter Belastung das Input-Tripel $(B_{1s};B_{2s};B_{3s})$ zu bestimmen (r, s = 1, 2, 3, ...).

Eine Bewertung der Kombinationswirkung bei Einwirkung von n Noxen hinsichtlich eines input-überadditiven, -additiven oder -unteradditiven Effektes erfolgt anhand folgender Formel:

(2.95) $z_{iv} + z_{2v} + ... + z_{nv} \lesseqgtr 1$ (v = 1, 2, 3, ...)
mit $z_{iv} = B_{iv}/B_{io}$ $(B_{io} \neq 0;\ i = 1, 2, ..., n)$

Hierbei wird die Summe der relativen Belastungsstärken z_{iv} (i = 1, 2, ..., n) für eine n-fach kombinierte Belastung mit Eins verglichen (Hauptform der Bewertung). Ebenso können die Summen der relativen Belastungsstärken z_{ir}, z_{is}, ..., z_{iu} (i = 1, 2, ..., n) für eine zweifach, dreifach bis (n–1)-fach kombinierte Belastung mit Eins verglichen werden (Nebenform der Bewertung). Das vollständige Input-Bewertungssystem umfaßt sowohl die Haupt- als auch die Nebenform der Bewertung und lautet:

(2.96)
$$z_{1r_\alpha} + z_{2r_\alpha} \lesseqgtr 1;\ z_{1r_\beta} + z_{3r_\beta} \lesseqgtr 1;\ ...;\ z_{1r_\gamma} + z_{nr_\gamma} \lesseqgtr 1;$$
$$z_{2r_\delta} + z_{3r_\delta} \lesseqgtr 1;\ ...;\ z_{2r_\varepsilon} + z_{nr_\varepsilon} \lesseqgtr 1;$$
$$...$$
$$z_{n-1,\, r_\eta} + z_{nr_\eta} \lesseqgtr 1;$$
$$z_{1s_\alpha} + z_{2s_\alpha} + z_{3s_\alpha} \lesseqgtr 1;\ z_{1s_\beta} + z_{2s_\beta} + z_{4s_\beta} \lesseqgtr 1;\ ...$$
$$...$$
$$z_{1u_\alpha} + z_{2u_\alpha} + z_{3u_\alpha} + ...\ z_{n-1,\, u_\alpha} \lesseqgtr 1;\ ...$$
$$z_{iv} + z_{2v} + z_{3v} + ...\ z_{nv} \lesseqgtr 1$$

Dabei sind die relativen Belastungsstärken folgendermaßen definiert:

$z_{ir} = B_{ir}/B_{io}$ für 2-fach kombinierte Belastung (r = 1, 2, 3, ...; i = 1, 2, ..., n)
$z_{is} = B_{is}/B_{io}$ für 3-fach kombinierte Belastung (s = 1, 2, 3, ...)
...
$z_{iu} = B_{iu}/B_{io}$ für (n–1)-fach kombinierte Belastung (u = 1, 2, 3, ...)
$z_{iv} = B_{iv}/B_{io}$ für n-fach kombinierte Belastung (v = 1, 2, 3, ...)

In den Unterbeziehungen (2.96) gelten die Zeichen < für input-überadditives, = für input-additives und > für input-unteradditives Verhalten der entsprechenden Kombinationswirkung. Die zweiten Indices α, β, γ, ..., η sollen andeuten, daß die Werte z_{ir}, z_{is}, ..., z_{iu} (i = 1, 2, ..., n) in den verschiedenen Unterbeziehungen im allgemeinen nicht identisch sind. Nur für den Sonderfall der symmetrischen Belastung stimmen die relativen Belastungsstärken überein, und es gilt dann außerdem:

(2.97) $$z_{1r} = z_{2r} = ... = z_{nr} = 1/2$$
$$z_{1s} = z_{2s} = ... = z_{ns} = 1/3$$
$$...$$
$$z_{1u} = z_{2u} = ... = z_{nu} = 1/(n-1)$$
$$z_{1v} = z_{2v} = ... = z_{nv} = 1/n$$

Beispielsweise gelten für ein lineares System bei Einwirkung von 3 Noxen die Beziehungen:

(2.98) $$z_{1r_\alpha} + z_{2r_\alpha} = 1; \quad z_{1r_\beta} + z_{3r_\beta} = 1; \quad z_{2r_\gamma} + z_{3r_\gamma} = 1; \quad z_{1s} + z_{2s} + z_{3s} = 1$$

Für den Sonderfall symmetrischer Belastung sind außerdem:

(2.99) $$z_{1r} = z_{2r} = z_{3r} = 1/2$$
$$z_{1s} = z_{2s} = z_{3s} = 1/3$$

Es soll nun vorausgesetzt werden, daß der funktionale Zusammenhang $W = f(B_1;B_2; ...; B_n)$ durch eine ganze rationale Funktion folgender Form beschrieben werden kann:

(2.100) $$W = h_1B_1^{k1} + h_2B_2^{k2} + ... + h_nB_n^{kn}$$

Nach dem Input-Verfahren erhält man dann für eine konstante Wirkungsstärke $W_c = k_0$ folgende Beziehung (HENKEL 1973):

(2.101) $$z_1^{k1} + z_2^{k2} + ... + z_n^{kn} = 1 \qquad (0 \le z_i \le 1; k_i > 0)$$
mit $$z_i = B_i(h_i/k_0)^{1/k_i} \qquad (i = 1, 2, ..., n)$$

Für eine zweifach kombinierte Belastung (n = 2) ergibt sich hieraus die Gleichung (2.16), die den Isobolverlauf $z_2 = f(z_1)$ beschreibt (vgl. Abschnitt 2.3).

Für eine dreifach kombinierte Belastung (n = 3) erhält man:

(2.102) $$z_1^{k1} + z_2^{k2} + z_3^{k3} = 1 \qquad (0 \le z_i \le 1; k_i > 0; i = 1, 2, 3)$$

Durch diese Gleichung wird eine „Fläche gleicher Wirkungsstärke“ (Isobolenfläche $z_3 = f[z_1;z_2]$) in einem Koordinatensystem mit den Achsen z_1, z_2 und z_3 beschrieben. Beispielsweise ist die Isobolenfläche für $k_1 = k_2 = k_3 = 1$ ein Teil der Ebene, welche durch die Punkte $P_1(1;0;0)$, $P_2(0;1;0)$ und $P_3(0;0;1)$ geht:

(2.103) $$z_1 + z_2 + z_3 = 1 \qquad (0 \le z_i \le 1; i = 1, 2, 3)$$

Für $k_1 = k_2 = k_3 = 2$ ergibt sich als „Fläche gleicher Wirkungsstärke“ ein Teil der Oberfläche einer Kugel mit dem Mittelpunkt $P_o(0;0;0)$ und dem Radius 1:

(2.104) $$z_1^2 + z_2^2 + z_3^2 \; 1 \qquad (0 \le z_i \le 1; i = 1, 2, 3)$$

Es soll nun der spezielle Fall betrachtet werden, daß für einen Input-Output-Zusammenhang gemäß Formel (2.100) außerdem für die einzelnen Noxen bei kombinierter Einwirkung gleichgroße Teilwirkungen W_{ci} (i = 1, 2, ..., n) resultieren:

(2.105) $$W_{c1} = W_{c2} = ... = W_{cn} = k_0/n$$
und $$W_{c1} + W_{c2} + ... + W_{cn} = k_0$$
mit $$W_{ci} = h_iB_i^{ki} \qquad (i = 1, 2, ..., n)$$

Hieraus folgt:

(2.106) $$z_1^{k1} = z_2^{k2} \; ... = z_n^{kn} = 1/n$$

Diese letzte Beziehung gestattet bei bekannten k-Werten (Isobolen-Koeffizient) eine Berechnung der Werte z (relative Belastungsstärken) für eine symmetrische Beanspruchung des zu untersuchenden biologischen Parameters, d.h. für den Sonderfall, daß sich für die einzelnen Noxen bei kombinierter Einwirkung gleichgroße Wirkungsanteile ergeben.

Tabelle 3: Relative Belastungsstärke z bei symmetrischer Beanspruchung gemäß Formel (2.106)
(n = Anzahl der Noxen, k = Isobolenkoeffizient)

n	k					
	0,5	1	2	4	8	∞
1	1	1	1	1	1	1
2	0,25	0,50	0,71	0,84	0,92	1
3	0,11	0,33	0,58	0,76	0,87	1
4	0,06	0,25	0,50	0,71	0,84	1
5	0,04	0,20	0,45	0,67	0,82	1

In Tabelle 3 sind die relativen Belastungsstärken z bei symmetrischer Beanspruchung gemäß Formel (2.106) für verschiedene Werte des Isobolen-Koeffizienten k und der Noxenanzahl n zusammengestellt. Zum Zwecke des Vergleichs wurde auch der Fall der Einzelbelastung (n = 1) berücksichtigt. Für alle Werte n ergibt sich für $k \to \infty$ der Grenzwert z = 1. Die relative Belastungsstärke z ist bei symmetrischer Beanspruchung um so kleiner, je kleiner k und je größer n sind.

Eine ökonomische Betrachtung ergibt, daß sowohl für die Output- als auch für die Input-Methode der experimentelle Aufwand zur Untersuchung von Kombinationswirkungen mit zunehmender Anzahl der beteiligten Noxen beträchtlich ansteigt. Zum Beispiel werden bei dem Output-Verfahren zum Studium von 2 kombiniert einwirkenden Noxen die 3 Output-Größen W_1, W_2, und W_{12} benötigt. Zur Untersuchung von 3 kombiniert einwirkenden Noxen müssen die 7 Wirkungsstärken W_1, W_2, W_3, W_{12}, W_{13}, W_{23} und W_{123} ermittelt werden; und zum Studium von 4 kombiniert einwirkenden Noxen ist die Anzahl der zu bestimmenden Output-Größen bereits auf 15 angewachsen:

$W_1, W_2, W_3, W_4;$

$W_{12}, W_{13}, W_{14}, W_{23}, W_{24}, W_{34};$

$W_{123}, W_{124}, W_{134}, W_{234};$

$W_{1234}.$

Aus ökonomischen Gründen sind daher die experimentellen Untersuchungen zur Anwendung des theoretischen Modells auf jeweils 2 kombiniert einwirkende Noxen beschränkt worden.

3. Angewandte mathematische Verfahren

In diesem Abschnitt werden diejenigen mathematischen Verfahren zusammengestellt, die für eine Anwendung des in Abschnitt 2 dargestellten Modells relevant sind.

3.1 Allgemeine statistische Methoden

Für eine statistische Bearbeitung von experimentellen Daten für die Output-Größen y_o, y_1, y_2, y_{12} bzw. W_1, W_2, W_{12} (vgl. Abschnitt 2.1 und 2.2) oder für die Input-Größen B_{10}, B_{20}, B_{21}, B_{11} (vgl. Abschnitt 2.3) können bekannte Verfahren wie χ^2-Anpassungstest, F-Test, t-Test, Varianzanalyse, Scheffé-Test u.a. Anwendung finden (LITCHFIELD und WILCOXON 1949, LINDER 1964, ADAM 1971, 1972 und 1980, RASCH et al. 1973, ADAM et al. 1977, WEBER 1980).

Für einen Mittelswertvergleich von zwei unabhängigen Stichproben aus normalverteilten Grundgesamtheiten gleicher Varianz steht der „t-Test für unabhängige Stichproben“ zur Verfügung. Bei Belastungsuntersuchungen werden vielfach je zwei Vergleichsmessungen für den belasteten und unbelasteten Zustand an ein und denselben Individuen durchgeführt, so daß in diesen Fällen der „t-Test für gepaarte Stichproben“ Anwendung finden kann.

Für einen Vergleich mehrerer Mittelwerte unabhängiger Stichproben steht die Varianzanalyse zur Verfügung. Voraussetzung dieser Methode ist, daß das Beobachtungsmerkmal in den einzelnen Grundgesamtheiten normalverteilt ist und die gleiche Variabilität besitzt. Man unterscheidet je nach der Anzahl der im Experiment eingehenden Faktoren einfaktorielle und mehrfaktorielle Varianzanalyse.

Für Belastungsuntersuchungen mit nur einer Noxe, die jedoch in mehreren experimentell fest vorgegebenen Belastungsstärke-Stufen einwirkt, kann die einfaktorielle Varianzanalyse angewendet werden. Für die Beobachtungswerte Y_{ij} gilt das Modell

(3.1) $$Y_{ij} = \mu + \alpha_i + \varepsilon_{ij},$$

wobei μ das Gesamtmittel, α_i die durch die i-te Stufe des zu untersuchenden Faktors (Noxe) verursachte Abweichung vom Gesamtmittel (Wirkung W) und ε_{ij} eine Zufallsabweichung von $\mu + \alpha_i$ bedeuten. Die Abweichung vom Gesamtmittel wird mit Hilfe des F-Tests auf Signifikanz geprüft.

Darüber hinaus kann ein multipler Vergleich von Mittelwerten mittels des Scheffé-Tests durchgeführt werden.

Für kombinierte Belastungsuntersuchungen (Output-Methode) mit zwei Noxen, die ebenfalls in mehreren fest vorgegebenen Belastungsstärke-Stufen einwirken, steht die zweifaktorielle Varianzanalyse zur Verfügung. Man spricht von einer vollständigen Kreuzklassifikation, wenn zu jeder Stufenkombination der beiden zu untersuchenden Faktoren mindestens ein Beobachtungswert vorliegt. Bei vollständiger Kreuzklassifikation mit mehrfacher gleicher Klassenbesetzung folgen die Beobachtungswerte Y_{ijk} dem Modell.

(3.2) $$Y_{ijk} = \mu + \alpha_i + \beta_j + \gamma_{ij} + \varepsilon_{ijk},$$

wobei μ das Gesamtmittel, α_i die durch die i-te Stufe des ersten Faktors (Noxe 1) verursachte Abweichung vom Gesamtmittel (Wirkung W_1), β_j die durch die j-te Stufe des zweiten Faktors (Noxe 2) verursachte Abweichung vom Gesamtmittel (Wirkung W_2), γ_{ij} die Wechselwirkung der i-ten Stufe des ersten Faktors mit der j-ten Stufe des zweiten Faktors und ε_{ijk} eine Zufallsabweichung von $\mu + \alpha_i + \beta_j + \gamma_{ij}$ bedeuten. Mit Hilfe des F-Tests wird geprüft, ob die durch die Faktoren 1 und 2 bedingten Hauptwirkungen sowie die Wechselwirkung signifikant sind.

Ergibt sich beispielsweise bei einer Output-Untersuchung für die Größen y_0, y_1, y_2, y_{12} eine statistisch gesicherte Wechselwirkung, so bedeutet dies, daß die Kombinationswirkung für die untersuchte Noxenkombination signifikant output-über- oder output-unteradditiv ist (falls keine Beziehung zwischen beiden Noxen besteht):

(3.3) $$W_{12} \neq W_1 + W_2$$

Eine Methode zur Bestimmung der Input-Größen B_{10}, B_{20}, B_{11}, B_{21} (Mittelwerte und zugehörige Konfidenzbereiche) bei konstanter Output-Größe W_c (Input-Untersuchung) wurde von LITCHFIELD und WILCOXON (1949) für den speziellen Fall von LD_{50}- und ED_{50}-Bestimmungen angegeben. Dabei wird von einer logarithmischen Normalverteilung der Belastungsstärke-Werte B (Dosis) ausgegangen. Die Mittelwerte und die Konfidenzgrenzen der Belastungsstärke werden mittels eines log-Wahrscheinlichkeitsnetzes ermittelt, wobei die Meßwerte bei streng log-normaler Verteilung in diesem Netz auf einer Geraden liegen würden. Die Prüfung der Linearität erfolgt mit dem χ^2-Test. Die Methode ist ein Näherungsverfahren, das für die pharmakologische Forschung entwickelt wurde, jedoch allgemein für Input-Untersuchungen angewendet werden kann.

Zur statistischen Sicherung einer output-über- oder output-unteradditiven Kombinationswirkung kann die im folgenden beschriebene graphische Methode für Output-Untersuchungen angewendet werden. Durch Einführung einer Koordinate $W_3 = W_1 + W_2$ sind die Betrachtungen in einem W_3, W_{12}-Koordinatensystem darstellbar. In Abb. 23 werden die statistischen Beziehungen am Beispiel eines speziellen Wertepaares $(W_{3j};W_{12j})$ demonstriert. Dabei bedeuten $\overline{W}_k$ $(k = 3_j;\ 12_j)$ der Mittelwert sowie $W_{k(o)}$ die obere und $W_{k(u)}$ die untere Konfidenzgrenze der betreffenden Wirkungsstärke für eine vorgegebene Irrtumswahrscheinlichkeit p. Wenn die Gerade $W_{12} = W_3$ (Winkelhalbierende) die von den Geraden $W_3 = W_{3j(o)}$, $W_3 = W_{3j(u)}$, $W_{12} = W_{12j(o)}$ und $W_{12} = W_{12j(u)}$ begrenzte Rechteckfläche (schraffiert gezeichnet) nicht schneidet und nicht berührt, dann liegt eine signifikante Abweichung vom output-additiven Verhalten der betrachteten Kombinationswirkung vor.

Da nach der Festlegung (2.7) stets $W_3 \geq 0$ ist, wird für eine statistische Betrachtung nur der 1. und 4. Quadrant des W_3, W_{12}-Koordinatensystems benötigt.

Oberhalb der Winkelhalbierenden ist $W_{12} > W_1 + W_2$ (Bereich output-überadditiver Kombinationswirkung); es resultiert somit für ein experimentell ermitteltes Wertepaar (W_{3j},W_{12j}) eine signifikant output-überadditive Kombinationswirkung, wenn folgende Bedingung erfüllt ist:

(3.4 a) $$W_{12j(u)} > W_{1j(o)} + W_{2j(o)}$$

Unterhalb der Winkelhalbierenden ist $W_{12} < W_1 + W_2$ (Bereich output-unteradditiver Kombinationswirkung); und analog ergibt sich für eine signifikant ouput-unteradditive Kombinationswirkung die Beziehung:

(3.4 b) $$W_{12j(o)} < W_{1j(u)} + W_{2j(u)}$$

Dieser Fall ist in Abb. 23 dargestellt.

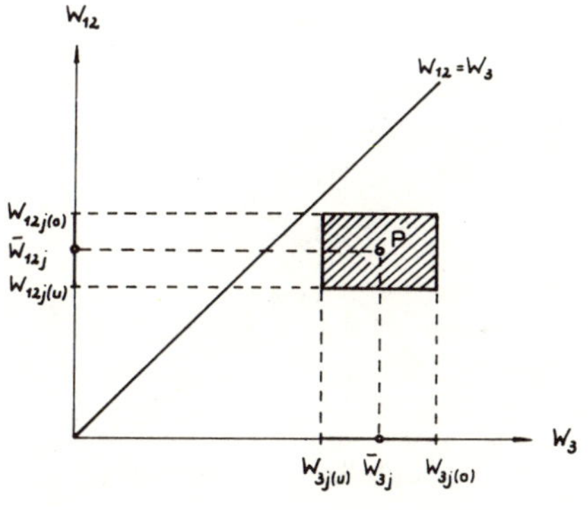

Abb. 23: *Statistische Betrachtung für die Output-Methode (W_{12} = Kombinationswirkung, $W_3 = W_1 + W_2$ Summe der Einzelwirkungen)*

Für eine Input-Untersuchung kann ebenfalls eine statistische Betrachtung hinsichtlich eines Abweichens vom input-additiven Verhalten einer Kombinationswirkung durchgeführt werden. In Abb. 24 sind die Beziehungen in einem B_1, B_2-Koordinatensystem am Beispiel der Punkte gleicher Wirkungsstärke $P_0(0,B_{20})$ und $P'_0(B_{10},0)$ für die Einzeleinwirkung sowie $P_1(B_{11};B_{21})$ für die kombinierte Einwirkung dargestellt. Für alle diese drei experimentell ermittelten Punkte sind Konfidenzintervalle angegeben, wobei $\overline{B}_k$ (k = 10; 20; 11; 21) der Mittelwert sowie $B_{k(o)}$ die obere und $B_{k(u)}$ die untere Konfidenzgrenze der betreffenden Belastungsstärke für eine vorgegebene Irrtumswahrscheinlichkeit p bedeuten. Der Punkt P_1 der kombinierten Belastung liegt in dieser Darstellung im Bereich für input-überadditive Kombinationswirkung (Abb. 8); sein Konfidenzintervall längs einer im Experiment verwendeten Mischungsgeraden $B_2 = kB_1$ ergibt sich durch vektorielle Addition aus den zugehörigen Konfidenzintervallen seiner beiden Komponenten.

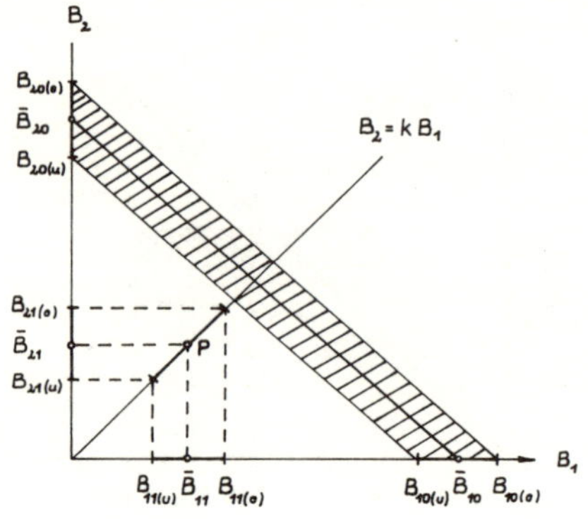

Abb. 24: *Statistische Betrachtung für die Input-Methode (B_{10}, B_{20} = Belastungsstärken bei Einzeleinwirkung der Noxen 1 und 2, B_{11}, B_{21} = Belastungsstärken bei kombinierter Einwirkung dieser Noxen)*

Die Gerade für input-additive Kombinationswirkung liegt für eine experimentell vorgegebene Wirkungsstärke W_c sowie für eine festgelegte Irrtumswahrscheinlichkeit p in dem schraffiert dargestellten Bereich, der von den Verbindungslinien der beiden oberen bzw. der beiden unteren Konfidenzgrenzen von B_{10} und B_{20} sowie von den Koordinatenachsen begrenzt wird. Wenn ein Punkt $P_1(B_{11};B_{21})$ einschließlich seines Konfidenzintervalls außerhalb dieses Bereichs liegt, dann ist eine Abweichung vom input-additiven Verhalten einer Kombinationswirkung als statistisch gesichert anzusehen.

Für eine signifikant input-überadditive Kombinationswirkung gilt:

(3.5 a) $$B_{11(o)}/B_{10(u)} + B_{21(o)}/B_{20(u)} < 1$$

Dieser Fall ist in Abb. 24 dargestellt.

Für eine signifikant input-unteradditive Kombinationswirkung ergibt sich analog die Beziehung:

(3.5 b) $$B_{11(u)}/B_{10(o)} + B_{21(u)}/B_{20(o)} > 1$$

3.2 Methoden der Zeitreihenanalyse

Unter einer biologischen Zeitreihe versteht man eine Folge von zeitlich determinierten und geordneten Meßwerten eines biologischen Parameters. Bei biorhythmischen Untersuchungen besteht eine Zeitreihe oft aus einer Überlagerung von periodischen (harmonischen) und zufälligen (stochastischen) Komponenten. Wenn der periodische Anteil einer Meßwertfolge mehr oder weniger von einem Störanteil verdeckt ist, spricht man von einer „verrauschten" Zeitreihe. Zur Methodik von Zeitreihen-Analysen äußern sich CHINTSCHIN (1933/34), LANGE (1956, 1962), SOLODOWNIKOW (1959, 1963), ZURMÜHL (1963),

BATSCHELET (1965), HALBERG et al. (1967), SOLLBERGER (1968), GRÖHN (1970), OTTO und PESCHEL (1970), KIL'DIŠEV und FRENKEL' (1973), ADAM et al. (1977) u.a.

Durch eine FOURIER-Analyse wird eine experimentell gewonnene Meßreihe in seine harmonischen Anteile zerlegt. Die einzelnen Partialschwingungen werden durch die Amplitude und den zugehörigen Phasenwinkel charakterisiert. Die FOURIER-Analyse ist anwendbar für Zeitreihen, bei denen der periodische Anteil gegenüber dem Rauschanteil überwiegt.

Ein sehr anschauliches Verfahren zur Darstellung der Amplituden- und Phasenbeziehungen einer Circadian-Rhythmik ist die Cosinor-Methode (HALBERG 1965, 1973, HALBERG et al. 1965, 1966, 1967, HAUS und HALBERG 1966, GÜNTHER et al. 1969, HALBERG und LEE 1974). Mittels der Cosinor-Darstellung können für experimentell ermittelte Zeitreihen eines oszillierenden biologischen Parameters eine mittlere Amplitude und ein mittlerer Phasenwinkel der untersuchten 24-Stunden-Periodik mit zugehörigen Konfidenzgrenzen angegeben werden.

3.2.1 FOURIER-Spektrum

Eine Zeitreihe $y_1, y_2, ..., y_n$ mit einer geraden Anzahl $n = 2\,m$ äquidistanter Meßpunkte pro Periode wird als Summe rein sinusförmiger Funktionen und einem konstanten Anteil a_0 dargestellt:

$$(3.6) \qquad y(t) = a_0 + \sum_{\nu=1}^{m} (a_\nu \cos \nu\omega t + b_\nu \sin \nu\omega t)$$

Dabei bedeuten a_ν und b_ν die FOURIER-Koeffizienten, t die Zeit sowie $w = 2\,\pi f$ die Kreisfrequenz, f die Frequenz und $T = 1/f$ die Periodendauer der untersuchten Grundschwingung ($\nu = 1$). Beträgt der zeitliche Meßwertabstand Δt, so gilt:

$$(3.7) \qquad T = 2\,m\Delta t$$

Charakteristische Größen der m Partialschwingungen (Grundschwingung und Oberschwingungen) sind die Amplituden c_ν und die Phasenwinkel φ_ν:

$$(3.8) \qquad c_\nu = \sqrt{a_\nu^2 + b_\nu^2}$$
$$\varphi_\nu = \arctan (b_\nu/a_\nu)$$

Bei Verwendung der Amplituden- und Phasenwerte nimmt die Funktion y(t) folgende Form an:

$$(3.9) \qquad y(t) = a_0 + \sum_{\nu=1}^{m} c_\nu \cos (\nu\omega t - \varphi_\nu)$$

Zur Berechnung der FOURIER-Koeffizienten, der Amplituden- und Phasenwerte der einzelnen Partialschwingungen sowie zur graphischen Darstellung der Amplituden c_ν und der Phasenwinkel φ_ν als Balkendiagramme (FOURIER-Spektrum) wurde ein Rechenprogramm entwickelt (ORLICK und MLETZKO 1975; MLETZKO et al. 1980).

3.2.2 Cosinor-Darstellung

Während das Verfahren der FOURIER-Analyse stets äquidistant abgetastete Meßwerte voraussetzt, werden bei der Cosinor-Methode keine äquidistanten Meßpunktfolgen gefordert. Ein weiterer Vorteil der Cosinor-Darstellung besteht darin, daß sie statistisch gesicherte Aussagen über die Amplitude und die Phasenlage der zu untersuchenden Rhythmik gestattet.

Der „Cosinor" wurde vorrangig zur Auswertung von Zeitreihen mit circadianen Periodizitäten entwickelt (HALBERG et al. 1971). Der Begriff „Cosinor" ergibt sich syntaktisch aus „Cosinus" und „Vektor" und beinhaltet die beiden Grundschritte dieser Methode.

Im 1. Cosinor-Schritt wird für eine experimentell ermittelte Zeitreihe $u_1, u_2, ..., u_i, ..., u_m$ eine Cosinus-Funktion der Form

(3.10) $$u(t) = a_0 + c \cos(\omega t - \varphi)$$

gesucht, die sich den zu den Zeitpunkten t_i ermittelten Meßwerten u_i ($i = 1, 2, ..., m$) optimal anpaßt (Abb. 25). Dabei bedeuten a_0 das Niveau, c die Amplitude, φ der Phasenwinkel und ω die Kreisfrequenz der untersuchten circadianen Schwingung. Die Formel (3.10) wird identisch mit der Beziehung (3.9), wenn bei der FOURIER-Analyse nur die Grundschwingung ($v = 1$) betrachtet wird. Die Amplitude c gibt die maximale Auslenkung der Cosinus-Schwingung an, während durch die Phase φ die zeitliche Lage des Schwingungsmaximums bezogen auf den Anfangspunkt t_1 gegeben ist. Die Cosinus-Funktion kann auch in folgender Form geschrieben werden:

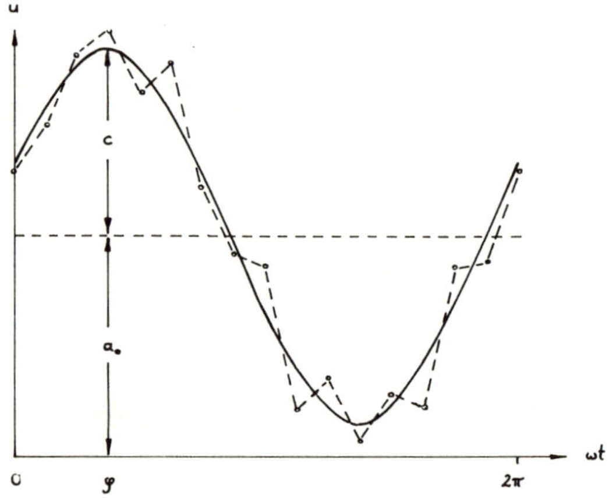

Abb. 25: Meßwerte u_i und Anpassungsfuktion $u(t) = a_0 + c \cos(\omega t - \varphi)$ einer Zeitreihe

(3.11) $$u(t) = a_0 + x \cos \omega t + y \sin \omega t$$

mit $x = c \cos \varphi$

$y = c \sin \varphi$

Während die Kreisfrequenz ω für einen bekannten Zyklus (z.B. Circadian-Rhythmik) vorgegeben ist, sind die Größen a_0, c und φ mit Hilfe der harmonischen Regression zu ermitteln (ADAM et al. 1977, EMEL'JANOV 1976). Dabei wird für die gesuchte Funktion u(t) gemäß der Beziehung (3.11) der Fehlerquadratansatz

(3.12) $$Q = \sum_{i=1}^{m} [u(t_i) - u_i]^2 = \text{Minimum}$$

gebildet. Dieser Ansatz führt auf ein lineares Gleichungssystem:

(3.13) $$\begin{aligned} k_{11}\,x + k_{12}\,y + k_{13}\,a_o &= k_{14} \\ k_{21}\,x + k_{22}\,y + k_{23}\,a_o &= k_{24} \\ k_{31}\,x + k_{32}\,y + k_{33}\,a_o &= k_{34} \end{aligned}$$

Nachdem anhand dieses Gleichungssystems die Unbekannten x, y und a_o bestimmt worden sind, lassen sich die Amplitude c und die Phase φ berechnen:

(3.14) $$\begin{aligned} c &= \sqrt{x^2 + y^2} \\ \varphi &= \arctan (y/x) \end{aligned}$$

Mit der Bestimmung der Amplitude c und der Phase φ ist eine optimale Anpassung der Cosinus-Funktion u(t) an die Meßwerte u_i einer einzelnen Zeitreihe erfolgt. In gleicher Weise ist dies für weitere Zeitreihen einer Versuchsserie möglich.

Nachdem man nun im 1. Cosinor-Schritt für verschiedene Zeitreihen $u_{1j}, u_{2j}, ..., u_{ij}, ..., u_{mj}$ (j = 1, 2, ..., n) einer Versuchsserie jeweils die Amplitude und die Phase ermittelt hat, werden im 2. Cosinor-Schritt zunächst aus den Werten c_j und φ_j (j = 1, 2, ..., n) durch vektorielle Mittelwertbildung eine mittlere Amplitude $\bar{c}$ und eine mittlere Phase $\bar{\varphi}$ berechnet. Die Wertepaare (c_j,φ_j) können in einem Polarkoordinaten-System als Vektoren dargestellt werden. Dabei gibt c_j die Länge und φ_j die Richtung des j-ten Vektors an. Die Vektorkomponenten sind gegeben durch:

(3.15) $$\begin{aligned} x_j &= c_j \cos \varphi_j \\ y_j &= c_j \sin \varphi_j \end{aligned}$$

Durch vektorielle Mittelwertbildung erhält man einen mittleren Vektor oder Hauptvektor $(\bar{c},\bar{\varphi})$ mit den Komponenten $\bar{x}$ und $\bar{y}$:

(3.16) $$\bar{x} = (1/n) \sum_{j=1}^{n} x_j; \qquad \bar{y} = (1/n) \sum_{j=1}^{n} y_j$$

$$\begin{aligned} \bar{c} &= (\bar{x} + \bar{y}^2)^{1/2} \\ \bar{\varphi} &= \arctan (\bar{y}/\bar{x}) \end{aligned}$$

An die Ermittlung von $\bar{c}$ und $\bar{\varphi}$ schließt sich im 2. Cosinor-Schritt eine Fehlerabschätzung für diese beiden Größen an, indem für den Endpunkt des Hauptvektors $(\bar{c},\bar{\varphi})$ ein Konfidenzbereich in Form einer Ellipse ermittelt wird.

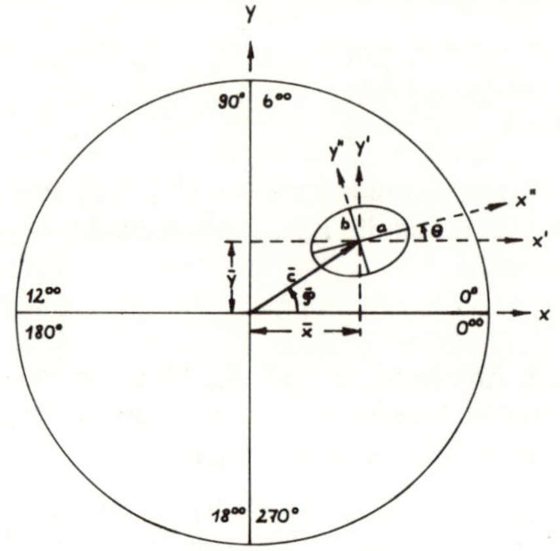

Abb. 26: Zur Konstruktion des Hauptvektors ($\bar{c}$, $\bar{\varphi}$) und der zugehörigen Fehlerellipse

Zur Berechnung der Werte $\bar{x}$, $\bar{y}$, $\bar{c}$ und $\bar{\varphi}$ sowie der Halbachsen a, b der Fehlerellipse und des Winkels θ zwischen großer Ellipsenhalbachse a und Abszissenachse x wurde ein Rechenprogramm geschaffen (HENKEL und MLETZKO 1981, MLETZKO und HENKEL 1981). Im 3. Cosinor-Schritt erfolgt die graphische Darstellung des Hauptvektors ($\bar{c}$,$\bar{\varphi}$) mit zugehöriger Fehlerellipse in einem Polarkoordinaten-System (Abb. 26).

4. Anwendungsbeispiele

4.1 Material und spezielle Methoden

4.1.1 Methodik für Untersuchungen an Probanden

Die Belastungsuntersuchungen an Probanden mit Lärm und Ganzkörperschwingungen fanden in der Kabine eines Fahrsimulators statt (HENKEL et al. 1979). Die Simulatorkabine war schwingungsfähig aufgehängt und konnte durch ein hydraulisches System mit einer Frequenz von 1,4 Hz zu horizontalen periodischen Schwingungen mit vernachlässigbarem Oberwellenanteil angeregt werden. Es handelte sich nur näherungsweise um lineare horizontale Schwingungen, da die Kabine einen Teil einer Rotationsschwingung um das Aufhängezentrum ausführte. Bei den Schwingungsversuchen wurde eine effektive Schwingbeschleunigung von $\tilde{a} = 0{,}85\ m/s^2$ am Kabinenboden gemessen.

Tabelle 4: Frequenzanalyse des in der Simulatorkabine verwendeten Lärms mit einem Gesamtschalldruckpegel von 90 dB(A)

Mittenfrequenz in Hz	Oktavbandpegel in dB
31,5	64
63	79
125	89
250	90
500	89
1000	85
2000	85
4000	83
8000	82

Die Belärmung der Probanden erfolgte mittels einer Lautsprechersäule, die von einem Rauschgenerator mit nachfolgendem Leistungsverstärker gespeist wurde. Die Versuchspersonen befanden sich dabei im diffusen Schallfeld. Der Schalldruckpegel L des erzeugten breitbandigen Geräusches betrug 90 dB(A) in Ohrhöhe der Probanden. Die Oktavbandpegel sind der Tabelle 4 zu entnehmen. Der Störpegel L' in der Kabine lag bei alleiniger Schwingungsbelastung um 55 dB(A), d.h. die Schalldruckpegeldifferenz $\Delta L = L - L'$ war größer als 30 dB(A). Die Untersuchungen wurden an 3 männlichen und 3 weiblichen Probanden im Alter zwischen 20 und 45 Jahren durchgeführt. Die Versuchspersonen waren keinen berufsbedingten Expositionen gegenüber Lärm und Ganzkörperschwingungen ausgesetzt. Während des Versuchs befanden sich die Probanden auf einem ungepolsterten Stuhl sitzend einzeln in der Kabine. Dabei wurde jeder Proband einer Ruhepause von 20 min und anschließend einer Belastungsdauer von 30 min pro Versuchstag ausgesetzt. Die Untersuchungen erfolgten an 4 verschiedenen Tagen mit jeweils einer der folgenden Expositionen:

- Ganzkörperschwingungen in X-Richtung (Brust-Rücken)

- Ganzkörperschwingungen in Y-Richtung (Schulter-Schulter)
- Lärm
- Lärm und Ganzkörperschwingungen

Die Expositionsreihenfolge war dabei für die einzelnen Versuchspersonen zufallsbedingt unterschiedlich. Bei der kombinierten Belastung wurden 3 Probanden der Kombination Lärm und Schwingungen in X-Richtung sowie 3 Personen der Kombination Lärm und Schwingungen in Y-Richtung ausgesetzt. Um den störenden Einfluß der Tagesrhythmik auf die von einem Probanden gewonnenen Meßwerte auszuschließen, wurde dieser jeweils zur gleichen Tageszeit untersucht (Vormittagsstunden).

Sowohl für die Ruhe- als auch für die Belastungsphase wurden die Pulsfrequenz, die Atemfrequenz, der systolische und diastolische Blutdruck mittels eines Physiomaten (Fa. Rentsch Pirna) sowie der Sauerstoffverbrauch mittels eines Spirolyt-Gerätes (VEB Junkalor Dessau) in Abständen von 1 min registriert. Bei der Auswertung wurden jeweils die unter Belastung auftretenden prozentualen Änderungen dieser Größen gegenüber dem Ausgangswert der Ruhephase bestimmt und über die gesamte Belastungsphase von 30 min gemittelt.

4.1.2 Methodik für Tierexperimente

4.1.2.1 Tiermaterial

Für die Untersuchungen wurden Albino-Ratten eines hauseigenen Kolonie-Auszuchtstammes (Wistar) benutzt. Die Tiere waren in Plaste-Käfigen (Unterteil Plaste, Oberteil Drahtgeflecht) mit Hobelspaneinstreu untergebracht. Wasser und ein Standardfutter (Rezept Rehbrücke) standen den Tieren ad libitum zur Verfügung. Die klimatischen Bedingungen des Tierstalls waren relativ konstant. Die Lufttemperatur betrug (26 ± 3) °C; die relative Feuchte schwankte von 50% bis 60%. Mit Ausnahme der Letalitätsbestimmungen wurden die Experimente an männlichen Tieren durchgeführt. Bei der Auswahl der Tiere für einzelne Versuchsgruppen wurde das Prinzip der Randomisierung (CAVALLI-SFORZA 1972, REITNAUER 1976) angewendet. Für spezielle Untersuchungen der Tiermotorik waren jeweils 3 Ratten gemeinsam in einem Plaste-Käfig untergebracht. Nach Angaben von MLETZKO (1977) erweist sich eine Dreier-Gruppe von Ratten als sehr stabil und ist deshalb für Rhythmik-Experimente besonders geeignet.

Tabelle 5: Frequenzanalyse des für Tierversuche verwendeten Lärms mit einem Gesamtschalldruckpegel von 80 dB (lin)

Mittenfrequenz in Hz	Oktavbandpegel in dB
63	42
125	42
250	52
500	62
1000	72
2000	76
4000	76
8000	70
16000	62

4.1.2.2 Bestimmung motorischer Aktivitäten

Nach MLETZKO et al. (1975) kann eine Tiermotorik prinzipiell eingeteilt werden in eine Motorialaktivität (äußere Bewegungsabläufe von Verhaltensmustern) und eine Motilaraktivität (Bewegungsabläufe im Innern des Organismus). Zur Bestimmung der Motorialaktivität von Ratten wurde das Schwingkäfig-Prinzip benutzt (ASCHOFF 1962). Dabei war ein Tierkäfig-System an der einen Seite federnd aufgehängt und an der anderen Seite drehbar um eine Achse gelagert. Ein am Tierkäfig angekoppelter Tastschalter schloß bei Bewegung dieses Schwingsystems einen Stromkreis, wobei die Tierbewegungen als „ja-nein"-Antworten mittels eines Zeitmarkenschreibers (VEB Elektro-Apparate Werke Berlin) registriert wurden.

Die Anzahl der Tierbewegungen wird im folgenden als Aktivitätsmenge bezeichnet.

4.1.2.3 Bestimmung der letalen Dosis und der letalen Schwingbeschleunigung

Die mittlere letale Dosis (LD_{50}) einer chemischen Noxe und die mittlere letale Schwingbeschleunigung ($L\tilde{a}_{50}$) von Ganzkörperschwingungen wurden nach dem Verfahren von LITCHFIELD und WILCOXON ermittelt (THER 1965). Für die Experimente sind weibliche Ratten verwendet worden.

Die Untersuchung der akuten toxischen Wirkung von Cyclohexanon und Cyclohexanonoxim erfolgte mittels peroraler Sondierung der Tiere. Es wurde die Anzahl der gestorbenen Tiere 24 h nach der Applikation der Noxen ermittelt (RUBLACK und HENKEL 1975, HENKEL und RUBLACK 1976).

Zur Untersuchung der Letalbelastung mit Ganzkörperschwingungen wurden die Tiere auf einem Schwingtisch (RUBLACK 1974) einer extremen 1stündigen Schwingungsbelastung in X-Richtung (Brust-Rücken) oder Y-Richtung (Schulter-Schulter) oder Z-Richtung (Kopf-Schwanz) ausgesetzt. Es wurde die Anzahl der gestorbenen Tiere 24 h nach der Schwingungsexposition ermittelt (RUBLACK und HENKEL 1978, HENKEL und RUBLACK 1980).

Bei Kombinationen mit 2 chemischen Noxen wurden den Tieren einer Versuchsserie stets Gemische mit fest vorgegebenem Mischungsverhältnis appliziert. Bei der Kombination einer physikalischen und einer chemischen Noxe wurden für optimale Letalitätsbestimmungen gleiche relative Belastungsstärken der beiden Komponenten verwendet.

4.1.2.4 Bestimmung des Sauerstoffverbrauchs der Leber

Bei den Untersuchungen der Atmungsaktivität der Rattenleber schloß sich an die mechanische Tötung (Genickschlag) der Versuchstiere sofort die Entnahme des oberen rechten Leberlappens (Lobus sinister medialis) an. Das mit dem SCHLEGEL-Rowling-Homogenisator gewonnene Homogenat wurde in KREBS-RINGER-Phosphatpuffer suspendiert und ständig eisgekühlt (LOCKER 1959, KLEINZELLER 1965).

Die Ermittlung des Sauerstoffverbrauchs der Rattenleber erfolgte mit einem WARBURG-Rundgerät WA 0110 (VEB Glaswerke Stützerbach) bei einer Schüttelfrequenz von 1,5 Hz und einer Wasserbadtemperatur von 37,5 °C. Zur Absorption des Kohlendioxids diente Kalilauge. Die Reaktionsgefäße wurden mit 0,5 ml Homogenat und 1,0 ml Phosphatpuffer sowie bei den in vitro mit Acrylnitril (ACN) behandelten Versuchsgruppen mit 0,2 ml einer 10^{-1} molaren ACN-Lösung beschickt. Bei den Gruppen mit fehlendem ACN-Zusatz erhöhte sich die Zugabe des Phosphatpuffers um 0,2 ml. Die notwendigen Kontrollablesungen zur Sauerstoff-Bestimmung erfolgten in Intervallen von 10 min bei einer gesamten Versuchsdauer von 1 h (HOFFMANN und MLETZKO 1972, HENKEL und MLETZKO 1974, MLETZKO und HENKEL 1978).

4.1.2.5 Bestimmung von Enzym-Aktivitäten im Serum

Es wurden die Aktivitäten der Enzyme Alanin-Aminotransferase (ALAT; EC 2.6.1.2), Aspartat-Aminotransferase (ASAT; EC 2.6.1.1) und Aldolase (EC 4.1.2.13) im Serum von Ratten bestimmt. Für die Untersuchung wurde den Versuchstieren in leichter Äthernarkose durch Herzpunktion Blut entnommen (HENKEL und WAGNER 1978). Die Bestimmungen der ALAT- und ASAT-Aktivität erfolgten im optischen Test nach der im „Deutschen Arzneibuch – DDR. Diagnostische Laboratoriumsmethoden“ (1968) beschriebenen Methode. Dabei wurde ein FERMOGNOST-Besteck (VEB Arzneimittelwerk Dresden) benutzt. Bei den Messungen der Enzym-Aktivitäten wurde im ultravioletten Spektralbereich gearbeitet (HASCHEN 1981).

Die Bestimmung der Aktivität des Enzyms Aldolase erfolgte nach einer bei BRUNS (1954) beschriebenen Methode, wobei ebenfalls ein FERMOGNOST-Besteck verwendet wurde. Im Gegensatz zu den Enzymen ALAT und ASAT fanden jetzt die Messungen im sichtbaren Spektralbereich (Farbreaktion) statt.

Die Angabe der Enzym-Aktivität erfolgt in Einheiten je Liter Serum (U/l). Dabei gilt als eine Einheit („Unit“) diejenige Enzym-Aktivität, die 1 µmol Substrat in 1 min bei 25 °C (Aldolase) bzw. 37 °C (ALAT, ASAT) umsetzt.

4.2 Input-Untersuchungen

Bei den Input-Belastungsexperimenten wurden je 2 physikalische Noxen, 2 chemische Noxen sowie 1 physikalische und 1 chemische Noxe kombiniert.

4.2.1 Leberatmung von Ratten bei Einwirkung von Lärm und Ganzkörperschwingungen

Für die Untersuchung der Leberatmung wurden Ratten im Alter von 120 Tagen und einer durchschnittlichen Tiermasse von 300 g eingesetzt. Die Versuchstiere waren bei Einzelhaltung jeweils 24 h (10.00 bis 10.00 Uhr) vor dem Tötungszeitpunkt in einer auf 22 °C temperierten Tierbox. In diesen 24 h erfolgte die Lärm- und Schwingungsexposition der Tiere. Der Tierkäfig befand sich dabei innerhalb der Box im diffusen Schallfeld. Mittels eines elektrodynamischen Schwingungserregers wurde der kleine längliche Käfig zu sinusförmigen Schwingungen mit einer Frequenz von 10 Hz angeregt, wobei die Schwingungen stets horizontal längs zur Körperachse (Z-Achse) der Tiere erfolgten (vgl. Abschnitt 4.1.2.4) (HENKEL und MLETZKO 1975).

Die Belastungsstärken der beiden eingesetzten physikalischen Noxen wurden entsprechend dem Input-Verfahren variiert. Die Schwingbeschleunigungen (gemessen am Tierkäfig) betrugen je nach der Versuchsgruppe 0,4 m/s^2, 0,3 m/s^2 oder 0,2 m/s^2. Für die Schalldruckpegel am Ort des Käfigs ergaben sich die Werte 90 dB(lin), 82 dB(lin) oder 72 dB(lin). Als Output-Parameter diente der Sauerstoff-Verbrauch der Rattenleber. In Tabelle 6 sind die Versuchsdaten zusammengestellt.

Tabelle 6: Sauerstoffverbrauch der Rattenleber (bezogen auf 1 g Lebermasse) für verschiedene Schwingbeschleunigungen (B_1) und Schalldruckpegel (B_2) (n = 10 je Gruppe)

Gruppe	Belastungsstärken		Sauerstoffverbrauch in ml/g	
	B_1 in m/s^2	B_2 in dB	$\bar{y}$	$s_{\bar{y}}$
I	–	–	216,5	3,2
II	–	90	181,8	2,3
III	0,4	–	181,2	3,4
IV	0,2	82	189,3	3,4
V	0,3	76	183,0	2,1

In der Versuchsgruppe I wurde die Leberatmung von unbelasteten Tieren untersucht (Vergleichsgruppe). In der Gruppe II standen die Tiere unter alleiniger Lärmbelastung und in Gruppe III unter alleiniger Schwingungsbelastung. In den Versuchsgruppen IV und V sind die Tiere kombiniert mit Lärm und Ganzkörperschwingungen belastet worden. Sowohl bei Einzelbelastung (Gruppe II und III) als auch bei kombinierter Belastung (Gruppe IV und V) wurden die Input-Größen B_1 und B_2 so variiert, daß sich näherungsweise ein konstanter Sauerstoff-Verbrauch von etwa 184 ml/g ergab. Die statistische Prüfung (t-Test für unabhängige Stichproben) ergab einen signifikanten Unterschied ($p \leq 0{,}01$) der Versuchsergebnisse der Gruppen II bis V gegenüber dem Resultat der Gruppe I. Die Abweichungen innerhalb der Gruppen II bis V sind nur zufällig.

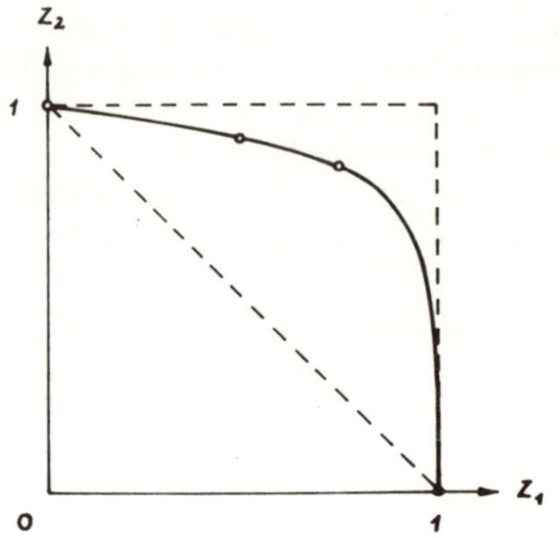

Abb. 27: *Schwingung-Lärm-Isobole für eine Abnahme des Sauerstoffverbrauchs der Rattenleber von $W_c = 33$ ml/g (z_1 = relative Schwingbeschleunigung, z_2 = relativer Schalldruckpegel)*

Die Wirkungsstärke W_c für den untersuchten Parameter der Leberatmung ergab sich nach Formel (2.1) zu etwa 33 ml/g. In Abb. 27 ist für diese Abnahme des Sauerstoff-Verbrauchs die Schwingung-Lärm-Isobole dargestellt. Dabei sind die relativen Schwingbeschleunigungswerte auf der z_1-Achse und die relativen Schalldruckpegelwerte auf der z_2-Achse aufgetragen. Die Isobole zeigt einen unsymmetrischen Verlauf und liegt im Bereich der input-unteradditiven Kombinationswirkung. Beispielsweise ergibt sich für das Belastungsstärke-Paar (B_1;B_2) der Versuchsgruppe V nach Formel (2.11) ein Koeffizient der Kombinationswirkung von $K_b = 1{,}6$.

Die Endpunkte der Isobole sind durch die Versuchsdaten der Einzelbelastung fixiert, d.h. für $B_{10} = 0{,}4$ m/s^2 ergibt sich $z_1 = 1$, und für $B_{20} = 90$ dB resultiert $z_2 = 1$. Die k-Werte für die kombinierte Schwingungs- und Lärmeinwirkung wurden aus den experimentell ermittelten „Punkten gleicher Wirkungsstärke" näherungsweise zu $k_1 = 1$ und $k_2 = 8$ bestimmt (vgl. Abschnitt 2.3). Dabei beziehen sich der Wert k_1 auf die Ganzkörperschwingung (Noxe 1) und der Wert k_2 auf den Lärm (Noxe 2). Die unterschiedlichen Werte von k_1 und k_2 sind durch den unsymmetrischen Isobolenverlauf bedingt. Die Isobole kann durch folgende mathematische Beziehung näherungsweise beschrieben werden:

(4.1) $$z_1 + z_2^8 = 1$$

Diese Isobolengleichung gilt hinsichtlich der Leberatmung von Ratten bei kombinierter Lärm- und Schwingungseinwirkung für die angegebenen Versuchsbedingungen.

4.2.2 Letale Dosis für Ratten bei Einwirkung von Cyclohexanon und Cyclohexanonoxim

Es wurde die akute toxische Wirkung von Cyclohexanon und Cyclohexanonoxim bei peroraler Sondierung anhand der mittleren letalen Dosis an 3 bis 4 Monate alten weiblichen Ratten getestet. Die Lufttemperatur des Versuchsraumes betrug 20 °C bis 23 °C, die relative Feuchte 50% bis 70%. Die Applikation der Substanzen erfolgte jeweils zur gleichen Tageszeit (14.00 Uhr). Für die kombinierten Belastungsuntersuchungen wurden Gemische von Cyclohexanon und Oxim mit einem Verhältnis der Gewichtsanteile von 1:1, 2:1, 3:1, 5:1, 1:2, 1:3 verwendet (vgl. Abschnitt 4.1.2.3) (RUBLACK und HENKEL 1975, HENKEL und RUBLACK 1976).

Tabelle 7: Anzahl der gestorbenen Tiere für Cyclohexanon und Cyclohexanonoxim sowie deren Gemische

Applizierte	Cyclohexanon	Oxim	Gemische					
Menge in mg/kg			1:1	2:1	3:1	5:1	1:2	1:3
718	–	–	–	–	–	–	–	–
848	–	–	1	–	–	–	–	–
1000	–	–	3	1	–	–	–	–
1180	–	–	4	3	3	1	1	–
1392	1	–	5	4	4	2	3	3
1643	2	–	7	7	7	4	5	4
1958	4	–	8	8	8	6	6	5
2312	5	–	–	–	–	6	7	7
2729	7	–	–	–	–	7	8	8
3220	8	2	–	–	–	8	8	–
3799	–	4	–	–	–	–	–	–
4483	–	6	–	–	–	–	–	–
5290	–	7	–	–	–	–	–	–
6242	–	8	–	–	–	–	–	–

In Tabelle 7 ist die Anzahl der gestorbenen Tiere für eine Applikation der reinen Substanzen sowie der Substanzgemische angegeben. Die Angaben der applizierten Substanzmengen erfolgen dabei in mg pro kg Körpermasse der Tiere. In jedem Versuch einer bestimmten Belastungsstufe waren 8 Tiere eingesetzt. Für die Gemische 1:1, 2:1, 3:1 und 5:1 wurde die Letalität auf den Cyclohexanon-Gewichtsanteil und für die Gemische 1:2 und 1:3 auf den Oxim-Gewichtsanteil bezogen.

In Abb. 28 sind die ermittelten LD_{50}-Werte und die zugehörigen Vertrauensbereiche in einem Kombinationsdiagramm für das Zweikomponentensystem Cyclohexanon und Oxim dargestellt. Die LD_{50}-Werte für reines Cyclohexanon und reines Oxim entsprechen den Punkten auf den Koordinatenachsen. Die Verbindungslinie dieser Punkte ist die Gerade für input-additive Kombinationswirkung. Die LD_{50}-Werte der einzelnen Gemische liegen auf den entsprechenden Mischungsgeraden und zwar im Bereich für input-überadditive Kombinationswirkung. Für das Cyclohexanon-Oxim-Gemisch 1:3 ist die Abweichung vom input-additiven Verhalten signifikant.

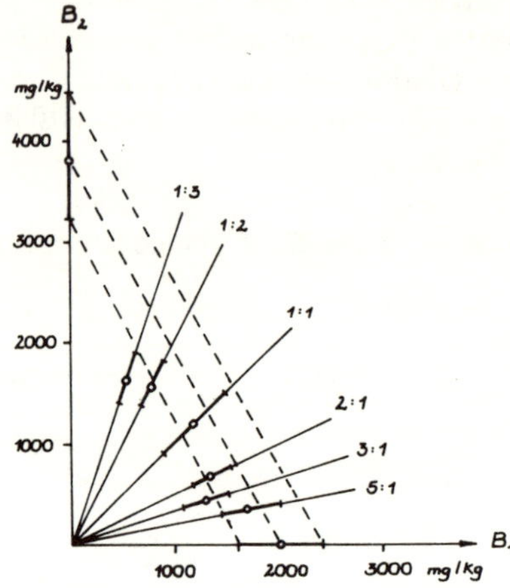

Abb. 28: *Kombinationsdiagramm für das Zweistoffsystem Cyclohexanon und Cyclohexanonoxim (B_1 = Cyclohexanon-Dosis, B_2 = Oxim-Dosis)*

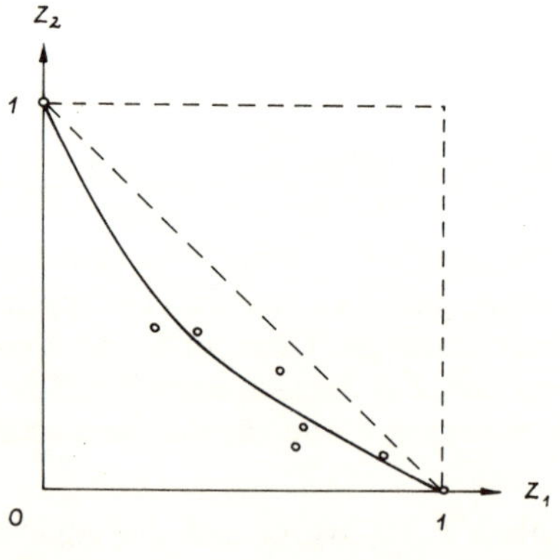

Abb. 29: *Cyclohexanon-Cyclohexanonoxim-Isobole für eine Letalität der Tiere von 50% (z_1 = relative Cyclohexanon-Dosis, z_2 = relative Oxim-Dosis)*

Die Abb. 29 zeigt den Isobolenverlauf in einem Kombinationsquadrat mit den relativen Belastungsstärken z_1 für Cyclohexanon und z_2 für Oxim. Die „Linie gleicher Wirkungsstärke" ist die Verbindungslinie der LD_{50}-Punkte (Ausgleichskurve). Für die in Abb. 29 dargestellte Isobole im Bereich input-überadditiver Kombinationswirkung ergab sich ein Koeffizient von $k = 0{,}75$. Dabei wurde Isobolensymmetrie angenommen. Somit lautet die Isobolengleichung näherungsweise:

(4.2) $$z_1^{0,75} + z_2^{0,75} = 1$$

Diese Formel gilt hinsichtlich der mittleren letalen Dosis bei kombinierter Einwirkung von Cyclohexanon und Oxim für die angegebenen Versuchsbedingungen und Tiere. Im Fall einer symmetrischen Belastung $z_1 = z_2$ ergibt sich anhand der Isobole ein Input-Koeffizient der Kombinationswirkung von $K_b = 0{,}79$. Dies bedeutet, daß bereits 79 Gewichtsanteile des betreffenden Gemisches die gleiche mittlere Letalität wie 100 Gewichtsanteile eines gleichen Gemisches mit einer theoretisch angenommenen input-additiven Kombinationswirkung erzeugen.

4.2.3 Letale Dosis und letale Schwingbeschleunigung für Ratten bei Einwirkung von Cyclohexanon und Ganzkörperschwingungen

Die Belastungsuntersuchungen mit Cyclohexanon und Ganzkörperschwingungen wurden an weiblichen Ratten im Alter von 90 Tagen und einer durchschnittlichen Masse von 220 g durchgeführt. Die perorale Applikation des Cyclohexanons erfolgte jeweils zur gleichen Tageszeit (10.00 Uhr). Die Schwingungsbelastung dauerte 1 h; sie begann jeweils 1 h nach der Cyclohexanon-Applikation (11.00 Uhr). Die Schwingungsfrequenz des verwendeten Schwingtisches (RUBLACK 1974) betrug 4,3 Hz. Für jeden Versuch einer bestimmten Belastungsstufe wurden 10 Tiere eingesetzt (vgl. Abschnitt 4.1.2.3) (RUBLACK und HENKEL 1978, HENKEL und RUBLACK 1980).

In Übereinstimmung mit früheren Untersuchungen ergab sich bei alleiniger Cyclohexanonbelastung der Ratten eine mittlere letale Dosis von $LD_{50} = 2{,}0$ g/kg Körpermasse (RUBLACK und HENKEL 1975). Bei alleiniger Schwingungsbelastung der Ratten wurden folgende mittlere letale Schwingbeschleunigungen für die einzelnen Körperachsen gefunden:

X-Achse (Brust-Rücken):	$L\tilde{a}_{50} > 50$ m/s^2
Y-Achse (Schulter-Schulter):	$L\tilde{a}_{50} = 38{,}5$ m/s^2
Z-Achse (Kopf-Schwanz):	$L\tilde{a}_{50} = 29$ m/s^2

In einem ersten Kombinationsversuch (Variante 1) wurde Cyclohexanon stets mit der konstanten Dosis von 2,0 g/kg Körpermasse appliziert. Dies entspricht dem LD_{50}-Wert bei Einzelbelastung. Die Ganzkörperschwingungen wurden in ihrer Intensität variiert. In Tabelle 8 sind die Ergebnisse für die einzelnen Schwingungsrichtungen angegeben. Abb. 30 zeigt die in einem Wahrscheinlichkeitsnetz eingetragenen Versuchsdaten. Da eine alleinige Cyclohexanonbelastung mit einer Dosis von 2,0 g/kg Körpermasse bereits eine Letalität von 50% ergibt, ist bei diesem ersten Kombinationsversuch die Zunahme der Letalität zwischen 50% und 100% ermittelt worden. Die kombinierten letalen Belastungswerte für eine Letalität von 75% betragen:

Tabelle 8: Kombinationsversuch bei konstanter Cyclohexanonbelastung (D = 2,0 g/kg) und variabler Schwingungsbelastung (Variante 1)

Schwingbeschleunigung ã in m/s²	Anzahl der gestorbenen Tiere		
	X-Achse	Y-Achse	Z-Achse
1,8	5	7	5
2,9	6	8	7
5,0	6	8	8
8,0	7	8	8
10,0	7	8	8
12,0	8	9	9
15,0	9	10	9
18,0	10	10	10
21,0	10	–	10

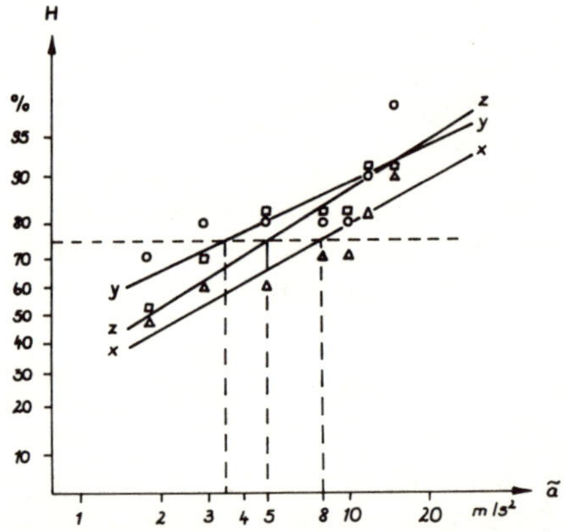

Abb. 30: Kombinationsversuch – Variante 1 (X-Achse: △, Y-Achse: O, Z-Achse: □)

X-Achse: ã = 8,0 m/s² und D = 2,0 g/kg
Y-Achse: ã = 3,5 m/s² und D = 2,0 g/kg
Z-Achse: ã = 5,0 m/s² und D = 2,0 g/kg

Zum Vergleich werden der LD_{75}-Wert bei alleiniger Cyclohexanonbelastung und die $L\tilde{a}_{75}$-Werte bei alleiniger Schwingungsbelastung angegeben (RUBLACK und HENKEL 1978):

LD_{75} = 2,6 g/kg
$L\tilde{a}_{75}$ = 41,5 m/s^2 für die Y-Achse
$L\tilde{a}_{75}$ = 32,2 m/s^2 für die Z-Achse

Für die X-Achse liegt der $L\tilde{a}_{75}$-Wert oberhalb 50 m/s^2.

In einem zweiten Kombinationsversuch (Variante 2) wurden die Versuchsdaten entsprechend der Input-Methode optimiert, indem die Belastungsstärken B_1 und B_2 der beiden Noxen stets im gleichen Verhältnis 1:1 (bezogen auf die mittleren letalen Belastungswerte LD_{50} und $L\tilde{a}_{50}$) variiert werden. Die Schwingungseinwirkung erfolgte bei diesem Versuch in Richtung der Z-Achse der Tiere. Die Belastungsstärken sowie die Ergebnisse sind in Tab. 9 angegeben und in Abb. 31 graphisch dargestellt.

Tabelle 9: Kombinationsversuch bei variabler Cyclohexanon- und Schwingungsbelastung (Variante 2)

Schwingbeschleunigung ã in m/s^2	Cyclohexanondosis D in g/kg	$\tilde{a}/L\tilde{a}_{50} = D/LD_{50}$	Anzahl der gestorbenen Tiere
15	1,04	0,52	0
21	1,44	0,72	3
24	1,66	0,83	5
28	1,94	0,97	10

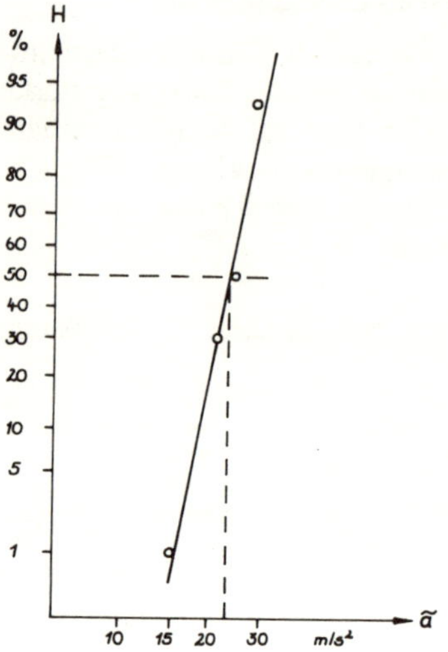

Abb. 31: Kombinationsversuch – Variante 2 (die zugehörigen Dosis-Werte sind in Tabelle 9 angegeben)

Ein Vergleich von Abb. 30 und 31 (gleicher Maßstab) zeigt, daß bei einer Optimierung des Kombinationsversuches (Variante 2) ein wesentlich größerer Anstieg der Ausgleichsgeraden im Wahrscheinlichkeitsnetz resultiert. Dadurch ergeben sich ein geringerer Konfidenzbereich für den zu bestimmenden mittleren Letalwert und somit ein genaueres Versuchsresultat. Außerdem gestattet der zweite Kombinationsversuch eine eindeutige Bewertung der kombinierten Wirkung von Cyclohexanon und Ganzkörperschwingungen entsprechend dem Input-Verfahren.

In Abb. 32 sind die Werte der mittleren letalen Belastung sowie die zugehörigen Vertrauensbereiche für die Versuchsvariante 2 in einem Kombinationsdiagramm dargestellt. Dabei liegen die Werte LD_{50} und $L\tilde{a}_{50}$ auf den Koordinatenachsen. Der kombinierte Belastungswert ist auf der Kombinationsgeraden 1:1 zu finden. Für die mittlere Letalbelastung werden die Werte $\tilde{a}$ = 23,3 m/s^2 (Z-Achse) und D = 1,6 g/kg ermittelt. Die Verbindungslinie der beiden Letalpunkte LD_{50} und $L\tilde{a}_{50}$ ist die Gerade für input-additive Kombinationswirkung. Der Punkt der mittleren Letalbelastung liegt im Bereich für input-unteradditive Kombinationswirkung. Die Abweichung dieses Punktes von der Geraden für input-additive Kombinationswirkung ist signifikant.

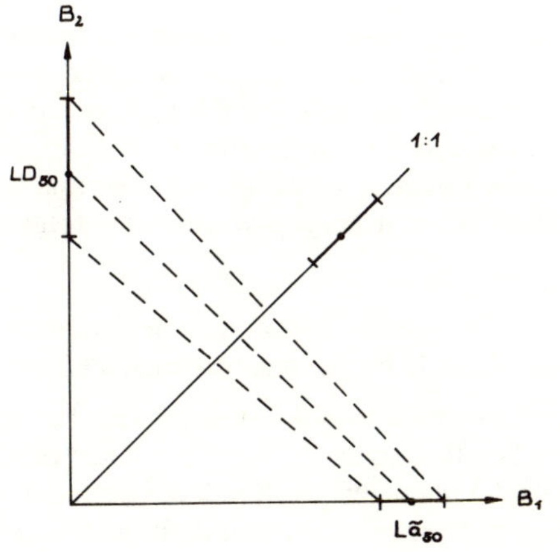

Abb. 32: *Kombinationsdiagramm für das Zweikomponenten-System Ganzkörperschwingung und Cyclohexanon (B_1 = Schwingbeschleunigung, B_2 = Cyclohexanon-Dosis)*

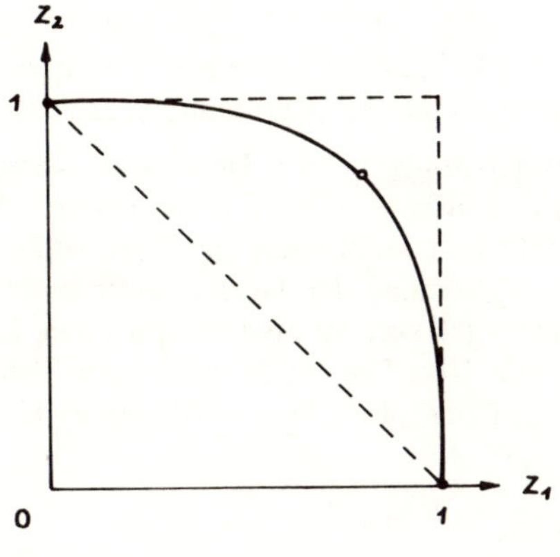

Abb. 33: *Schwingung-Cyclohexanon-Isobole für eine Letalität der Tiere von 50% (z_1 = relative Schwingbeschleunigung, z_2 = relative Cyclohexanon-Dosis)*

In Abb. 33 ist die Isobole für die mittlere Letalbelastung bei kombinierter Einwirkung von Ganzkörperschwingungen und Cyclohexanon in einem z_1, z_2-Diagramm dargestellt. Dabei sind die relativen Belastungsstärken z_1 und z_2 folgendermaßen definiert:

(4.3) $z_1 = \tilde{a}/L\tilde{a}_{50}$; $z_2 = D/LD_{50}$

In dieser Formel bedeuten ã die Schwingbeschleunigung (Effektivwert) und D die Cyclohexanondosis für die mittlere Letalbelastung bei kombinierter Einwirkung. Der experimentell ermittelte Punkt der mittleren Letalbelastung P(0,8;0,8) liegt auf der Winkelhalbierenden der Koordinatenachsen. Für die in Abb. 33 dargestellte Isobole ergab sich ein Koeffizient von k = 3,1. Dabei wurde Isobolensymmetrie vorausgesetzt. Die mathematische Beschreibung der „Linie gleicher Wirkungsstärke" kann näherungsweise durch folgende Gleichung erfolgen:

(4.4) $z_1^3 + z_2^3 = 1$

Diese Formel gilt für eine mittlere letale Belastung von Ratten mit Ganzkörperschwingungen (Noxe 1) und Cyclohexanon (Noxe 2) für die angegebenen Versuchsbedingungen.

Der Input-Koeffizient der Kombinationswirkung ergab sich für den experimentell ermittelten Punkt P(0,8;0,8) symmetrischer Belastung zu $K_b = 1{,}6$. Dies bedeutet, daß bei kombinierter Einwirkung von Ganzkörperschwingungen und Cyclohexanon der Belastungswert K_b um 60% höher liegt als bei einer theoretisch angenommenen input-additiven Kombinationswirkung dieser beiden Noxen, um dieselbe Wirkungsstärke (Letalität von 50%) zu erzielen.

4.3 Output-Untersuchungen

4.3.1 Motorialaktivität von Ratten bei Einwirkung von Lärm und Acrylnitril

Es wurde die Motorialaktivität von männlichen Wistar-Ratten mittels des Schwingkäfig-Prinzips registriert (MLETZKO 1979, HENKEL und MLETZKO 1980). Die Tiere befanden sich dabei einzeln in einer allseitig geschlossenen Tierbox mit hinreichender Luftzufuhr. Das durchschnittliche Tieralter betrug 200 Tage. Während der Untersuchungen standen die Tiere unter einem Hell-Dunkel-Wechsel von LD 12:12 (L = 6.00–18.00 Uhr, D = 18.00–6.00 Uhr). Die Lufttemperatur betrug (26 ± 1) °C; die relative Feuchte lag bei 60%. Wasser und ein Standardfutter standen den Tieren ad libitum zur Verfügung (vgl. Abschnitt 4.1.3.2).

Nach einer mehrtägigen Anpassungszeit der Tiere unter Versuchsbedingungen wurde die Aktivitätsmenge über einen Zeitraum von 2 d registriert. Es sind unbelastete Tiere (Kontrollgruppe) sowie einzeln und kombiniert mit Lärm und Acrylnitril (ACN) belastete Tiere untersucht worden. Die Belärmung der Tiere erfolgte durch ein breitbandiges Dauergeräusch mit einem Schalldruckpegel von 80 dB(lin) und einer Expositionszeit von 2 d. Der Expositionsbeginn lag bei 10.00 Uhr. Das ACN wurde den Tieren am 1. Untersuchungstag ebenfalls um 10.00 Uhr oral appliziert (1/4 LD_{50} = 20,5 mg/kg Körpermasse).

Tabelle 10: Aktivitätsmenge (mittlere Stundenwerte) von Ratten bei Einwirkung von Lärm und ACN für den 1. Belastungstag (n = 10)

Uhrzeit	Kontrolle	Lärm	ACN	Lärm + ACN
10.00	9,2	11,7	9,9	8,5
11.00	9,4	11,1	11,4	7,5
12.00	8,1	14,8	11,5	9,2
13.00	8,5	15,1	9,2	11,9
14.00	11,2	16,1	11,6	12,3
15.00	9,4	15,4	9,1	11,1
16.00	11,0	16,5	12,7	18,8
17.00	15,5	27,3	20,0	19,6
18.00	27,6	40,6	29,7	23,1
19.00	35,0	45,0	39,0	23,3
20.00	42,6	51,3	37,5	22,7
21.00	39,9	50,3	35,2	27,4
22.00	37,6	54,2	29,1	26,9
23.00	36,9	50,9	33,0	25,3
24.00	36,1	55,9	31,4	24,5
01.00	34,0	52,7	41,8	35,1
02.00	29,7	53,4	38,8	40,2
03.00	29,0	46,1	39,7	31,9
04.00	26,6	44,0	32,9	21,8
05.00	24,2	43,6	29,7	20,0
06.00	16,8	29,9	18,7	17,3
07.00	10,9	21,0	11,1	17,6
08.00	11,6	17,6	9,7	16,4
09.00	8,9	12,2	7,5	9,8

Tabelle 11: Aktivitätsmenge (mittlere Stundenwerte) von Ratten bei Einwirkung von Lärm und ACN für den 2. Belastungstag (n = 10)

Uhrzeit	Kontrolle	Lärm	ACN	Lärm + ACN
10.00	7,2	10,1	7,4	8,4
11.00	8,7	9,2	9,1	4,8
12.00	6,8	10,5	14,6	7,5
13.00	6,7	10,8	11,1	13,9
14.00	11,6	10,8	12,0	6,8
15.00	7,9	10,3	9,6	8,9
16.00	7,8	12,9	12,1	11,9
17.00	12,5	13,6	11,2	8,5
18.00	32,9	36,4	35,2	24,3
19.00	34,9	49,7	45,1	28,3
20.00	41,1	44,5	45,4	27,6
21.00	34,6	43,0	42,2	26,4
22.00	31,4	44,7	37,6	25,1
23.00	32,0	46,6	40,2	29,8
24.00	35,1	50,4	39,0	29,3
01.00	34,4	44,1	38,7	36,8
02.00	29,2	45,7	46,0	31,3
03.00	27,6	51,0	40,5	38,8
04.00	24,5	44,4	42,2	36,3
05.00	17,8	32,5	31,8	29,4
06.00	13,5	22,6	21,4	9,6
07.00	7,3	9,5	6,5	10,5
08.00	9,7	12,2	13,3	14,3
09.00	8,3	10,0	9,1	21,8

In den Tabellen 10 und 11 sind die ermittelten Stundenwerte der Aktivitätsmenge (Anzahl der Tierbewegungen in jeder Stunde) für die Kontrollgruppe, die Lärmgruppe, die ACN-Gruppe sowie für die mit Lärm und ACN kombiniert belastete Gruppe zusammengestellt. Die Angaben erfolgen getrennt für den 1. und 2. Untersuchungstag. Es waren jeweils 10 Tiere pro Versuchsgruppe eingesetzt.

Für die in den Tabellen 10 und 11 angegebenen diurnalen Zeitreihen der Aktivitätsmenge von Ratten ist eine FOURIER-Analyse durchgeführt worden. Dabei wurden für die einzelnen FOURIER-Reihen von der Form

$$y(t) = a_o + \sum_{v=1}^{m} c_v \cos(v\omega t - \varphi_v) \qquad (4.5)$$

das Niveau a_{oi} (a_{oo}) sowie die Amplitude c_{1i} (c_{1o}) und die Phase φ_{1i} (φ_{1o}) der circadianen Grundschwingung der Aktivitätsmenge für die belasteten (unbelasteten) Tiere bestimmt (i = 1, 2, 12). Die Tabelle 12 enthält die durch Belastung der Tiere resultierenden Änderungen des Niveaus, der Amplitude und der Phase. Dabei sind entsprechend Formel (2.80):

Tabelle 12: Änderungen des Niveaus $\Delta a'_o$ (in Prozent) sowie der Amplitude $\Delta c'_1$ (in Prozent) und der Phase $\Delta\varphi_1$ der circadianen Grundschwingung der Aktivitätsmenge von Ratten bei Belastung mit Lärm und ACN (0.00 Uhr entspricht $\varphi = 0$ °)

Noxe	1. Belastungstag			2. Belastungstag		
	$\Delta a'_o$	$\Delta c'_1$	$\Delta\varphi_1$	$\Delta a'_o$	$\Delta c'_1$	$\Delta\varphi_1$
Lärm	50,4%	42,0%	9,1°	39,7%	42,4%	12,2°
ACN	5,8%	–2,8%	7,7°	28,5%	22,3%	10,4°
Lärm + ACN	–9,0%	–34,0%	13,3°	1,4%	–16,2%	25,6°

(4.6) $\Delta a_{oi} = a_{oi} - a_{oo}$ (i = 1, 2, 12)
$\Delta c_{1i} = c_{1i} - c_{1o}$
$\Delta\varphi_{1i} = \varphi_{1i} - \varphi_{1o}$

Die relativen Änderungen des Niveaus und der Amplitude sind:

(4.7) $\Delta a'_{oi} = \Delta a_{oi}/a_{oo}$
$\Delta c'_{1i} = \Delta c_{1i}/c_{1o}$

Ein Vergleich der in Tabelle 12 angegebenen Werte zeigt, daß bei Einzeleinwirkung der beiden Noxen die durch Lärm bedingten Änderungen von Niveau, Amplitude und Phase größer als die durch ACN bedingten sind. Anhand der Werte Δa_{oi}, Δc_{1i} (i = 1, 2, 12) wurden nach Formel (2.81) der Niveaukoeffizient K_{wn} und der Amplitudenkoeffizient K_{wa} berechnet.

Für den ersten Belastungstag ergeben sich die Werte $K_{wn(1)} = -0{,}16$, $K_{wa(1)} = -0{,}87$. Für den zweiten Belastungstag resultieren die Koeffizienten $K_{wn(2)} = 0{,}02$, $K_{wa(2)} = -0{,}25$. Eine Bewertung der Kombinationswirkung ergibt für das Niveau und die Amplitude einen outputunteradditiven Effekt, während für die Phase eine überdurchschnittliche Kombinationswirkung festgestellt wird.

Tabelle 13: Cosinor Daten der circadianen Grundschwingung der Aktivitätsmenge von Ratten für den 2. Belastungstag (0.00 Uhr entspricht $\varphi = 0$ °)

Parameter	Kontrolle	Lärm	ACN	Lärm + ACN
c	15,75	22,43	19,24	13,18
φ	341,3°	353,5°	351,7°	6,9°
θ	113,9°	147,4°	170,6°	75,6°
a	4,44	5,09	8,52	4,16
b	2,53	4,02	4,38	2,64

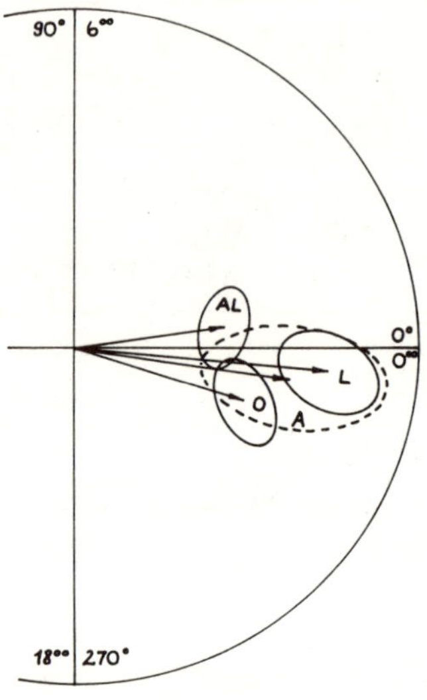

Abb. 34: Cosinor-Darstellung der circadianen Grundschwingung der Aktivitätsmenge von Ratten für den 2. Belastungstag (L = Lärm-Gruppe, A = ACN-Gruppe, AL = kombiniert belastete Gruppe, O = Kontroll-Gruppe)

Die Tabelle 13 enthält die Daten einer Cosinor-Berechnung der Circadianrhythmik der Aktivitätsmenge von Ratten für den 2. Belastungstag. Die Abb. 34 zeigt die entsprechende Cosinor-Darstellung für die einzelnen Tiergruppen. Die Fehlerellipsen der einzelnen Hauptvektoren überdecken nicht den Koordinatenursprung. Dies bedeutet, daß die circadiane Rhythmik der Motorialaktivität für die untersuchten Gruppen hinsichtlich Amplitude und Phase statistisch gesichert ist. Die Ellipsen der beiden Hauptvektoren (c_o, φ_o) und (c_L, φ_L) überlappen sich nicht untereinander; d.h. die Aktivitätsrhythmik unbelasteter Tiere und diejenige lärmbelasteter Tiere unterscheiden sich signifikant. Außerdem findet keine Ellipsenüberschneidung für die Hauptvektoren (c_L, φ_L) und (c_{AL}, φ_{AL}) statt; d.h. es werden auch für lärmbelastete und kombiniert mit Lärm und ACN belastete Tiere unterschiedliche circadiane Oszillationen der Motorialaktivität festgestellt.

4.3.2 Leberatmung von Ratten bei Einwirkung von Lärm und Acrylnitril

Bei den Untersuchungen der Atmungsaktivität der Rattenleber unter dem Einfluß von Lärm und Acrylnitril (ACN) wurde die chemische Noxe ACN sowohl in vivo als auch in vitro verabreicht.

Die in-vivo-Versuche zur Bestimmung des Sauerstoffverbrauchs der Leber wurden mit männlichen Ratten im Alter von 110 Tagen durchgeführt. Die Tiere kamen vor der Tötung bei Einzelhaltung 5 d in den auf 22 °C temperierte Versuchsraum. Die Belärmung der Tiere erfolgte mit einem breitbandigen Dauergeräusch von 80 dB(lin). Die Beschallungsdauer betrug ebenfalls 5 d (10.00 Uhr bis 10.00 Uhr). Die ACN-Gabe von 20,5 mg pro kg Körpermasse (= 1/4 LD_{50}) erfolgte per os 24 h vor dem Tötungszeitpunkt (vgl. Abschnitt 4.1.3.4) (HENKEL und MLETZKO 1974).

Tabelle 14: Sauerstoffverbrauch der Rattenleber (in ml/g) für die in-vivo-Versuche (n = 10 je Gruppe)

Gruppe	Noxe	$\bar{y}$	$s_{\bar{y}}$
Y_o	Kontrolle	221,0	4,4
Y_1	Lärm	173,9	3,3
Y_2	ACN	169,5	3,1
Y_{12}	Lärm + ACN	147,4	5,2

In Tabelle 14 sind die Versuchsergebnisse für Kontrolltiere, belärmte Tiere, ACN-behandelte Tiere sowie für Tiere, die unter kombinierter Einwirkung von Lärm und ACN standen, zusammengestellt. Die Angaben des Sauerstoffverbrauchs der Rattenleber beziehen sich auf 1 g Lebermasse.

Für alle unter der Einwirkung von Noxen stehende Tiere (Versuchsgruppen Y_1, Y_2, Y_{12}) resultiert eine Abnahme des Sauerstoffverbrauchs der Leber gegenüber unbelasteten Tieren (Gruppe Y_o). Diese Depression der Leberatmung bei Belastung der Versuchstiere wurde bereits früher festgestellt und diskutiert (BALINT 1963, HOFFMANN und MLETZKO 1972).

Eine zweifaktorielle Varianzanalyse ergibt Signifikanz ($p \leq 0{,}01$) für die durch die Faktoren „Lärm" und „ACN" resultierenden Hauptwirkungen (Änderungen des Sauerstoffverbrauchs) sowie für die Wechselwirkung. Somit liegt eine signifikante Abweichung der Kombinationswirkung vom output-additiven Verhalten vor.

Zur Berechnung der Wirkungsstärken W_i (i = 1, 2, 12) werden folgende Bezeichnungen für den Sauerstoffverbrauch der Leber (bezogen auf 1 g Lebermasse) verwendet:

y_0 = Sauerstoffverbrauch für die Kontroll-Gruppe Y_o
y_1 = Sauerstoffverbrauch für die Lärm-Gruppe Y_1
y_2 = Sauerstoffverbrauch für die ACN-Gruppe Y_2
y_{12} = Sauerstoffverbrauch für die kombiniert belastete Gruppe Y_{12}

Die Abnahme des Sauerstoffverbrauchs der Leber unter Belastung beträgt für die einzelnen Belastungsgruppen:

$W_1 = y_0 - y_1 = 47{,}1$ ml/g
$W_2 = y_0 - y_2 = 51{,}5$ ml/g
$W_{12} = y_0 - y_{12} = 73{,}6$ ml/g

Eine Bewertung der Kombinationswirkung anhand der Output-Größen W_i ergibt:

(4.8) $W_{12} < W_1 + W_2$

Der Output-Koeffizient beträgt $K_w = 0{,}74$.

Das bedeutet, daß ein output-unteradditives Verhalten für die Leberatmung der Ratten bei den angegebenen Versuchsbedingungen vorliegt.

Die in-vitro-Experimente zur Bestimmung der Atmungsaktivität der Rattenleber wurden mit männlichen Tieren im Alter von 80 Tagen und 220 Tagen durchgeführt. Die Ratten kamen 24 h oder 48 h vor dem Tötungszeitpunkt (10.00 Uhr) einzeln in den Beschallungsraum. Der Schalldruckpegel des einwirkenden Dauergeräusches betrug 80 dB(lin). ACN wurde in vitro verabreicht (vgl. Abschnitt 4.1.3.4) (MLETZKO und HENKEL 1978).

Tabelle 15: Sauerstoffverbrauch der Rattenleber (in ml/g) für die in-vitro-Versuche (n = 18 je Gruppe) (Tieralter/Lärmdauer: I = 80 d/48 h, II = 220 d/48 h, III = 220 d/24 h, Noxen wie in Tab. 18)

Gruppe	Versuchsserie					
	I		II		III	
	$\bar{y}$	$s_{\bar{y}}$	$\bar{y}$	$s_{\bar{y}}$	$\bar{y}$	$s_{\bar{y}}$
Y_0	192,1	6,4	211,2	4,1	228,8	3,7
Y_1	138,0	7,1	171,0	4,7	201,0	6,6
Y_2	164,9	6,6	185,4	3,9	189,3	5,2
Y_{12}	114,6	4,8	151,6	4,5	174,1	6,0

Die Ergebnisse dieser Gasstoffwechseluntersuchungen sind in Tabelle 15 zusammengestellt. Dabei werden dieselben Gruppen-Bezeichnungen wie bei den in-vivo-Versuchen verwendet. Durch einen Vergleich der Versuchsserien I und II erhält man Auskunft über die Abhängigkeit der Atmungsaktivität vom Tieralter; die Serien II und III unterscheiden sich hinsichtlich der Belärmungszeit. Vergleicht man die Versuchsserien untereinander, so fällt der Anstieg des Wertes y_0 von 192 ml/g bis 229 ml/g auf. Das Anwachsen von y_0 dürfte aus einer jahreszeitlichen Schwankung (Januar bis Mai) resultieren. Diesem Trend scheinen auch die Werte y_1, y_2 und y_{12} zu folgen.

Eine dreifaktorielle Varianzanalyse ergibt Signifikanz ($p \leq 0{,}01$) für die durch die Faktoren „Lärm", „ACN" und „Tieralter" bedingten Hauptwirkungen (Änderungen des Sauerstoffverbrauchs). Eine signifikante Wechselwirkung besteht zwischen dem Lärm und dem Tieralter.

Anhand der Resultate lassen sich folgende Beziehungen angeben:

(4.9) $y_{12} < y_1 < y_2 < y_0$ (Serien I und II)

und $y_{12} < y_2 < y_1 < y_0$ (Serie III)

Betrachtet man die unter einfacher und kombinierter Lärm- und ACN-Belastung resultierende Depression der Leberatmung (Tabelle 16), so erhält man für alle 3 Versuchsserien die Beziehung:

Tabelle 16: Abnahme des Sauerstoffverbrauchs der Rattenleber (in ml/g) unter Belastung für in-vitro-Versuche

Wirkungsstärke	Versuchsserie		
	I	II	III
W_1 (Lärm)	54,1	40,2	27,8
W_2 (ACN)	27,2	25,8	39,5
W_{12} (Lärm + ACN)	77,5	59,6	54,7

(4.10) $W_{12} < W_1 + W_2$

Die Output-Koeffizienten ergeben sich zu:

Serie I : $K_w = 0{,}95$
Serie II : $K_w = 0{,}90$
Serie III: $K_w = 0{,}81$

Die Koeffizienten K_w zeigen, daß nur ein geringes Abweichen vom output-additiven Verhalten ($K_w = 1$) vorliegt.

In der Tendenz resultiert auch für die in-vitro-Versuche ein output-unteradditiver Kombinationseffekt.

4.3.3 Aktivität der Enzyme ALAT, ASAT und Aldolase im Serum von Ratten bei Einwirkung von Lärm und Tetrachlorkohlenstoff

Die Enzym-Untersuchungen wurden an männlichen Ratten im Alter von 80 Tagen und einer durchschnittlichen Tiermasse von 260 g durchgeführt. Es waren stets 4 bis 6 Tiere in Plaste-Käfigen untergebracht. Die Lufttemperatur des Untersuchungsraumes lag bei (24 ± 1) °C und die relative Feuchte zwischen 55% und 65%. Die Tiere unterlagen einem Hell-Dunkel-Rhythmus von LD 12:12 ($L_{250\ Lux}$ = 6.00 bis 18.00 Uhr; D = 18.00 bis 6.00 Uhr). Wasser und ein Standardfutter standen den Tieren ad libitum zur Verfügung. Jeweils 15 h vor der Blutentnahme wurde das Futter abgesetzt.

Die Belärmung der Tiere fand nur in der Hellphase (ρ-Phase) mit einem Schalldruckpegel von 80 dB(lin) statt. Die Tiere wurden über einen Zeitraum von 2 d belärmt. Tetrachlorkohlenstoff (Tetra) wurde stets um 8.00 Uhr appliziert. Bei kombinierter Belastung erfolgte die Tetra-Applikation jeweils am 2. Lärmtag. 24 h nach der Tetra-Gabe wurde den Tieren Blut entnommen und im Serum die Aktivität der Enzyme Alanin-Aminotransferase (ALAT), Aspartat-Aminotransferase (ASAT) und Aldolase bestimmt (vgl. Abschnitt 4.1.3.5) (HENKEL und WAGNER 1978).

Tabelle 17: Aktivität der Enzyme ALAT, ASAT und Aldolase (in U/l) im Serum von Ratten (Noxen: Y_1 = Tetra, Y_2 = Lärm, Y_{12} = Tetra + Lärm, Y_0 = Kontrolle)

Gruppe	ALAT			ASAT			Aldolase		
	n	$\bar{y}$	$s_{\bar{y}}$	n	$\bar{y}$	$s_{\bar{y}}$	n	$\bar{y}$	$s_{\bar{y}}$
Y_0	7	25,7	1,9	7	51,3	0,9	11	9,5	0,4
Y_1	10	350,7	49,0	10	452,7	47,9	7	28,1	2,4
Y_2	10	38,0	2,4	10	53,5	3,4	11	8,1	0,5
Y_{12}	10	641,4	58,3	10	693,7	68,2	12	83,1	7,5

In Tabelle 17 sind die Versuchsergebnisse für die einzelnen Enzyme zusammengestellt. Für die Enzymaktivitäten werden folgende Bezeichnungen verwendet (Angabe erfolgt in Einheiten je Liter Serum):

y_0 = Enzymaktivität für die Kontrollgruppe Y_0
y_1 = Enzymaktivität für die Tetra-Gruppe Y_1
y_2 = Enzymaktivität für die Lärm-Gruppe Y_2
y_{12} = Enzymaktivität für die kombiniert belastete Gruppe Y_{12}

Die ALAT-Aktivität zeigt für die Lärm-Gruppe eine Erhöhung gegenüber der Kontrollgruppe. Die ASAT-Aktivität wird dagegen bei einer Lärmexposition nicht beeinflußt. Die relativ große Aktivität dieser beiden Enzyme nach Tetra-Gabe wird bei gleichzeitiger Lärmeinwirkung noch stärker erhöht gefunden. Die Aldolase-Aktivität zeigt für die Lärmgruppe eine Verminderung gegenüber der Kontrollgruppe. Nach Tetra-Applikation wird eine Erhöhung der Enzym-Aktivität gefunden, die bei gleichzeitiger Lärmexposition um etwa das dreifache größer ist. Für die Enzyme ALAT und Aldolase ergibt eine zweifaktorielle Varianzanalyse Signifikanz ($p \leq 0{,}05$) für die durch die Faktoren „Lärm" und „Tetra" resultierenden Hauptwirkungen (Änderungen der Enzymaktivitäten) sowie für die Wechselwirkung. Für das Enzym ASAT wird eine signifikante Hauptwirkung für den Faktor „Tetra" sowie eine signifikante Wechselwirkung zwischen „Tetra" und „Lärm" festgestellt. Somit liegt für alle 3 untersuchten Enzyme eine statistisch gesicherte Abweichung der Kombinationswirkung vom output-additiven Verhalten vor.

Tabelle 18: Änderung der Aktivität der Enzyme ALAT, ASAT und Aldolase (in U/l) im Serum von Ratten unter Belastung

Wirkungsstärke	ALAT	ASAT	Aldolase
W_1 (Tetra)	325,0	401,4	18,6
W_2 (Lärm)	12,3	2,2	–1,4
W_{12} (Tetra + Lärm)	615,7	642,4	73,6

In Tabelle 18 sind die bei Lärm- und Tetra-Belastung resultierenden Wirkungsstärken der Enzymaktivität angegeben. Dabei ist gemäß der Formel (2.1) und der Bedingung (2.7) definiert:

(4.11) $$W_1 = y_1 - y_0$$
$$W_2 = y_2 - y_0$$
$$W_{12} = y_{12} - y_0$$

Für die ALAT-Aktivität sind die Einzelwirkungen gleichgerichtet ($W_1 > 0$ und $W_2 > 0$), für die ASAT-Aktivität unterscheiden sich die Output-Parameter y_0 und y_2 nicht signifikant ($W_1 > 0$ und $W_2 \approx 0$) und für die Aktivität der Aldolase sind die Einzelwirkungen entgegengesetzt gerichtet ($W_1 > 0$ und $W_2 < 0$). Damit hat diese Untersuchung je ein Beispiel für die beiden Fälle sgn W_1 = sgn W_2 und sgn $W_1 \neq$ sgn W_2 sowie für den Grenzfall $W_2 = 0$ geliefert.

Für alle 3 Enzyme gelten die Beziehungen:

(4.12) $$W_{12} > W_1 + W_2$$
und $$W_2 < W_1 < W_{12}$$

Dies bedeutet, daß sich für die untersuchten Enzym-Aktivitäten eine output-überadditive Kombinationswirkung ergibt. Die Output-Koeffizienten dieser Kombinationswirkungen betragen:

ALAT-Aktivität:	$K_w = 1{,}83$
ASAT-Aktivität:	$K_w = 1{,}60$
Aldolase-Aktivität:	$K_w = 4{,}28$

Die Koeffizienten K_w zeigen, daß ein beträchtliches Abweichen vom output-additiven Verhalten ($K_w = 1$) vorliegt. Besonders zufällig ist der große Betrag von $K_w = 4{,}28$ für die Aldolase-Aktivität. Anhand der unterschiedlichen Fälle sgn W_1 = sgn W_2 und sgn $W_1 \neq$ sgn W_2 sowie des Grenzfalles $W_2 = 0$ wurde gefunden, daß die durch Tetra induzierte Erhöhung der ALAT-, ASAT- und Aldolase-Aktivität im Serum von Ratten bei gleichzeitiger Lärmexposition wesentlich verstärkt wird.

4.3.4 Pulsfrequenz, Atemfrequenz, systolischer und diastolischer Blutdruck und Sauerstoffverbrauch von Probanden bei Einwirkung von Lärm und Ganzkörperschwingungen

Es wurde eine orientierende Output-Untersuchung zur kombinierten Belastung des Menschen mit Lärm und Ganzkörperschwingungen an einer kleinen Probandengruppe durchgeführt (HENKEL et al. 1979). Der Schalldruckpegel des verwendeten breitbandigen Geräusches betrug 90 dB(A).

Die Schwingbeschleunigung der in X-Richtung (Brust-Rücken) oder Y-Richtung (Schulter-Schulter) der Probanden einwirkenden 1,4 Hz-Ganzkörperschwingungen lag bei 0,85 m/s^2 (vgl. Abschnitt 4.1.2).

Tabelle 19: Prozentuale Änderung der Pulsfrequenz f_p, der Atemfrequenz f_a, des systolischen und diastolischen Blutdrucks p_s, p_d sowie des Sauerstoffverbrauchs von Probanden unter Belastung (n = 6; Noxe 1 = Ganzkörperschwingung, Noxe 2 = Lärm)

Wirkungsstärke	f_p		f_a		p_s		p_d		v	
	$\overline{\Delta y}$	$s_{\overline{\Delta y}}$	$\overline{\Delta y}$	$s_{\overline{\Delta y}}$	$\overline{\Delta y}$	$s_{\overline{\Delta y}}$	$\overline{\Delta y}$	$s_{\overline{\Delta y}}$	$\overline{\Delta y}$	$s_{\overline{\Delta y}}$
W_1	8,2	2,4	–7,5	4,9	8,9	3,2	0,8	1,5	5,3	3,5
W_2	–2,9	0,8	–10,4	1,3	25,6	7,2	–5,2	7,0	2,0	8,4
W_{12}	25,3	4,1	4,2	5,1	17,1	6,0	–3,2	4,0	13,7	8,9

In Tabelle 19 sind die Versuchsergebnisse sowohl für die Einzel- als auch für die kombinierte Belastung mit Lärm und Ganzkörperschwingungen zusammengestellt. Es werden die prozentualen Änderungen der untersuchten Parameter Pulsfrequenz f_p, Atemfrequenz f_a, systolischer und diastolischer Blutdruck p_s, p_d sowie Sauerstoffverbrauch v bei Belastung angegeben. Die Daten der Schwingungsbelastung in X- und Y-Richtung sind in Tabelle 19 zusammengefaßt, da sie untereinander keinen signifikanten Unterschied ergeben. Es bedeuten:

W_1 = prozentuale Änderung des untersuchten Parameters bei Schwingungseinwirkung
W_2 = prozentuale Änderung des untersuchten Parameters bei Lärmeinwirkung
W_{12} = prozentuale Änderung des untersuchten Parameters bei kombinierter Lärm- und Schwingungseinwirkung

Die Wirkungsstärke W_i (i = 1, 2, 12) ist stets über das Belastungsintervall von 30 min zeitlich gemittelt.

Für die beiden Parameter Pulsfrequenz und systolischer Blutdruck sind die durch Belastung resultierenden Änderungen W_i (i = 1, 2, 12) statistisch gesichert (t-Test für gepaarte Beobachtungen, p = 0,05). Für den Parameter Atemfrequenz ist nur die Wirkungsstärke W_2 signifikant von Null verschieden.

Es ergeben sich folgende Beziehungen für die Wirkungsstärken sowie folgende Output-Koeffizienten der Kombinationswirkung:

a) Pulsfrequenz: $W_{12} > W_1 + W_2$ und $K_w = 4,8$
b) Atemfrequenz: $W'_{12} < W'_1 + W'_2$ und $K_w = -0,2$
c) Systolischer Blutdruck: $W_{12} < W_1 + W_2$ und $K_w = 0,5$

Dabei ist zur Erfüllung der Bedingung (2.7) definiert:

(4.13) $W'_i = -W_i$

Die Parameter diastolischer Blutdruck und Sauerstoffverbrauch wurden zu einer Bewertung der Kombinationswirkung nicht herangezogen, da alle Änderungen W_i (i = 1, 2, 12) nicht statistisch gesichert werden konnten.

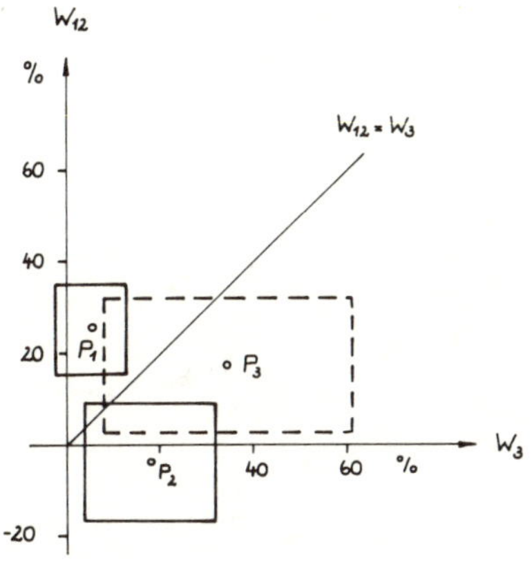

Abb. 35: *Statistische Betrachtung zur Kombinationswirkung von Ganzkörperschwingung und Lärm für die Parameter Pulsfrequenz (P_1), Atemfrequenz (P_2) und systolischer Blutdruck (P_3) von Probanden*

Abb. 35 zeigt eine statistische Betrachtung zur Kombinationswirkung. Es sind in einem W_3, W_{12}-Diagramm mit $W_3 = W_1 + W_2$ (vgl. Abschn. 3.1.1) die Punkte $P_j(W_{3j}, W_{12j})$ mit den zugehörigen Konfidenzbereichen (p = 0,05) für die Parameter Pulsfrequenz (j = 1), Atemfrequenz (j = 2) und systolischer Blutdruck (j = 3) eingezeichnet. Für die Pulsfrequenz liegen der Punkt P_1 sowie der zugehörige Konfidenzbereich vollständig oberhalb der Winkelhalbierenden $W_{12} = W_3$; d.h. die Kombinationswirkung ist signifikant output-überadditiv. Für die Atemfrequenz und für den systolischen Blutdruck liegen die Punkte P_j im output-unteradditiven Bereich; die zugehörigen Konfidenzbereiche schneiden jedoch die Gerade für output-additive Kombinationswirkung. Dies bedeutet, daß für diese beiden Parameter keine signifikante Abweichung vom additiven Verhalten festgestellt werden kann.

Die Untersuchungen haben ergeben, daß die Pulsfrequenz von Probanden bei kombinierter Einwirkung von Lärm und Ganzkörperschwingungen einen output-überadditiven Effekt zeigt, während die Atemfrequenz und der systolische Blutdruck eine output-unteradditive Tendenz aufweisen.

In Abb. 36 ist am Beispiel eines Probanden der zeitliche Verlauf der Pulsfrequenz bei alleiniger und kombinierter Belastung mit Ganzkörperschwingungen und Lärm über einen Zeitraum von 30 min dargestellt. Das Einschwingen der Pulsfrequenz auf ein neues Niveau ist bei kombinierter Einwirkung dieser Noxen deutlich sichtbar.

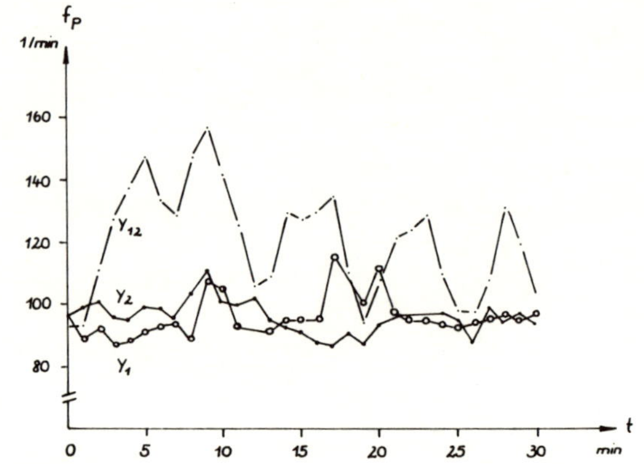

Abb. 36: *Pulsfrequenz f_p eines Probanden bei alleiniger Belastung mit Ganzkörperschwingung (y_1) und Lärm (y_2) sowie bei kombinierter Belastung (y_{12})*

5. Diskussion

5.1 Verfahren zur Erfassung, Darstellung und Beschreibung von Kombinationswirkungen

Die in der Literatur beschriebenen Verfahren zur experimentellen Erfassung, graphischen Darstellung und mathematischen Beschreibung von Kombinationswirkungen können eingeteilt werden in

- Methoden, bei denen der Input konstant bleibt und der Output variiert (output-variable Methoden),
- Methoden, bei denen der Output konstant bleibt und der Input variiert (input-variable Methoden) und
- Methoden, bei denen sowohl der Input als auch der Output variieren (input-output-variable Verfahren).

5.1.1 Output-variable Verfahren

Ein einfaches Verfahren zur Prüfung toxischer Stoffe ist das Kombinieren unveränderter Einzeldosen (ZIPF und HAMACHER 1966). Dabei wird untersucht, ob ein bestimmter Effekt (Wirkung) einer toxischen Dosis eines Stoffes X durch Applikation einer Dosis eines Stoffes Y beeinflußbar ist. Für eine Bewertung ergeben sich folgende 3 Möglichkeiten:

a)	1/1 X + 1/1 Y	wirkt so stark wie	1/1 X bzw. 1/1 Y
b)	1/1 X + 1/1 Y	wirkt stärker als	1/1 X bzw. 1/1 Y
c)	1/1 X + 1/1 Y	wirkt schwächer als	1/1 X bzw. 1/1 Y

Bezeichnet man die Wirkungsstärken der Einzelnoxen mit W_1, W_2 und die Kombinationswirkungsstärke mit W_{12}, so ergeben sich für diese 3 Fälle die Beziehungen:

a)	$W_{12} = W_1$	bzw.	$W_{12} = W_2$
b)	$W_{12} > W_1$	bzw.	$W_{12} > W_2$
c)	$W_{12} < W_1$	bzw.	$W_{12} < W_2$

Das genannte Prüfverfahren vergleicht die Kombinationswirkung stets nur mit einer Einzelwirkung. Für eine vollständige Output-Bewertung gemäß Formel (2.6) wird jedoch die Summe der Einzelwirkungen $W_1 + W_2$ verwendet. Nur für den Sonderfall $W_1 = 0$ oder $W_2 = 0$ sind beide Bewertungsverfahren identisch.

Bei dem graphischen Kombinationsverfahren nach FREI (1913) werden die Dosis-Wirkung-Kurven der beiden Komponenten eines Zweistoffsystems gegenläufig dargestellt (Abb. 37 a). Während auf der Dosen-Mischabszisse die effektive Dosis D_1 der Komponente X von 0% bis 100% steigt, nimmt gleichzeitig der Wert D_2 der Komponente Y von 100% bis 0% ab. Auf der Ordinaten-Achse sind sowohl die Teileffekte W_1, W_2 als auch die Summe dieser Effekte $W_1 + W_2$ aufgetragen. Der Verlauf der Effektadditionskurve gemäß Abb. 37 a täuscht eine „Verstärkung" in der Kombination vor, obwohl die Summenkurve durch eine graphische Addition der beiden Einzeleffekte W_1 und W_2 ermittelt wurde. Die Effektadditionskurve ist daher die theoretische Kurve für eine output-additive Kombinationswirkung. Für eine Output-Bewertung muß außerdem der Kurvenverlauf für die Kombinationswirkung W_{12} zum Vergleich herangezogen werden.

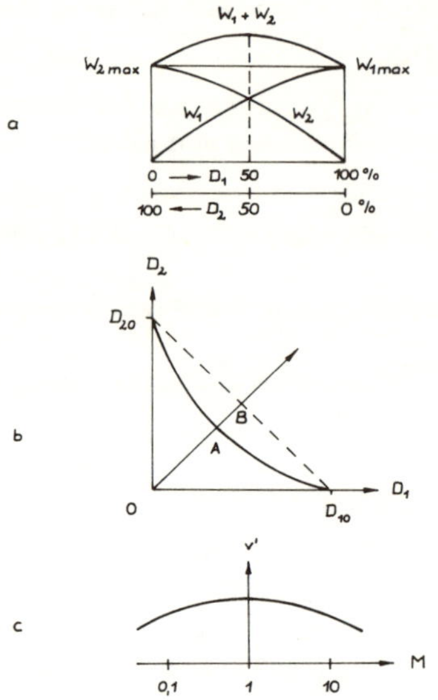

Abb. 37: *Kombinationsschemata*
a) nach FREI (1913)
b) nach LOEWE (1927, 1928)
c) nach HACKENBERG (1961)

Als ein systematisches Verfahren wird von ZIPF und HAMACHER (1966) die „Variation von Effekt-Zeit-Kurven“ bezeichnet.

Man ermittelt zunächst für die Stoffe einzeln und dann für die Mischung den Effekt-Zeit-Verlauf.

Durch einen Kurvenvergleich kann man charakteristische Verschiebungen als Variation der „Effektdauer“ oder der „Effektstärke“ deuten. Bei einer Kombination unveränderter Einzeldosen entspricht dies dem Output-Schema.

Die in der vorliegenden Arbeit entwickelte Output-Methode (vgl. Abschnitt 2.2) gestattet gegenüber den anderen genannten output-variablen Verfahren eine Bewertung der Kombinationswirkung sowohl in qualitativer als auch in quantitativer Form. Das Bewertungsschema ist auf den Fall gleichgerichteter Einzelwirkungen (sgn W_1 = sgn W_2) und auf den Fall entgegengesetzt gerichteter Wirkungen (sgn $W_1 \neq$ sgn W_2) anwendbar. Der Output-Koeffizient K_w dient als Maß für eine Abweichung der Kombinationswirkung vom output-additiven Verhalten, wobei diese Abweichung auch statistisch gesichert werden kann. Anhand der Kennfunktionen G(p), w(t) oder g(t) ist eine Beschreibung des dynamischen Verhaltens von linearen Systemen möglich.

Insbesondere ist die Output-Methode zur Untersuchung der kombinierten Belastung bei Berücksichtigung der Biorhythmik geeignet. Die Koeffizienten K_{wn}, K_{wa} und K_{wf} charakterisieren das Kombinationsverhalten von periodisch schwankenden biologischen Parametern hinsichtlich des Niveaus, der Ampltiude und der Frequenz. Damit läßt sich die Output-Methode erstmalig auch auf biorhythmische Vorgänge anwenden. Die Output-Methode kann auf Kombinationen mit mehr als zwei beteiligten Noxen erweitert werden.

5.1.2 Input-variable Verfahren

Das graphische Kombinationsverfahren nach LOEWE (1927, 1928, 1953, 1957, 1959, 1961) benutzt ein Gleichbleiben des Gesamteffektes (Kombinationswirkung) sowie Änderungen der Teildosen-Summen (Einzelbelastungen). Bei einer Kombination von zwei Stoffen werden die Dosen D_1 und D_2 der beiden Komponenten X und Y auf den Achsen eines zueinander rechtwinkligen Koordinatensystems aufgetragen (Abb. 37 b). Das Koordinatenfeld stellt ein Dosenmischfeld dar. Äquieffektive Dosenkombinationen der Komponenten werden durch eine Linie verbunden. Eine solche wirkungsäquivalente Dosengrenzlinie bezeichnete LOEWE erstmalig als Isobole. LOEWE gilt das Verdienst, die Isobolographie ausgearbeitet und systematisch auf chemische Substanzen angewendet zu haben.

LOEWE und MUISCHNEK (1926) versuchten eine mathematische Behandlung der Isobolenkurve, indem sie diese als symmetrische oder asymmetrische Parabel annahmen. Der Grad der Abweichung der Mischungseffekte von der „reinen Addition" wird als Variationsgrad V bezeichnet. Für den Sonderfall der symmetrischen, im überadditiven Bereich liegenden Isobole ist $V = 1 - K$, wobei K das Verhältnis OA/OB gemäß Abb. 37 b bedeutet. Für asymmetrische Isobolen ist die Berechnung von V aufwendig.

Eine Modifikation der isobolographischen Methode stellt das graphische Verfahren nach HACKENBERG (1961) dar (Abb. 37 c). Man trägt die Mischungsverhältnisse $M = D_1/D_2$ längs der Additionsgeraden logarithmisch auf der Abszisse einer neuen Mischskala auf. Durch die logarithmische Teilung werden die Randgebiete des LOEWEschen Schemas gedehnt.

Als Ordinate dient eine vom Variationsgrad abgeleitete Größe V'. Ein Vorteil der graphischen Methode nach HACKENBERG ist, daß die Stärke des Variationseffektes unmittelbar abgelesen werden kann. Nachteilig ist, daß sich nicht der absolut-unteradditive Bereich und der relativ-unteradditive Bereich voneinander abgrenzen lassen.

Von FINNEY (1942) wurde eine Formel zur theoretischen Berechnung der mittleren letalen Dosis $(LD_{50})_{12}$ eines Gemisches anhand der letalen Dosen $(LD_{50})_1$ und $(LD_{50})_2$ der beiden Einzelkomponenten X, Y angegeben. Für die vorausgesagte Größe $(LD_{50})_{12}$ gilt:

(5.1) $$1/(LD_{50})_{12} = R_1/(LD_{50})_1 + R_2/(LD_{50})_2$$

Dabei bedeuten R_1 bzw. R_2 die Gemischanteile der Komponenten X bzw. Y, wobei $R_1 + R_2 = 1$ ist. Die Formel kann für Gemische mit mehr als zwei beteiligten Komponenten erweitert werden. Die berechnete Größe $(LD_{50})_{12}$ stimmt mit der letalen Dosis eines Gemisches mit input-additivem Verhalten gemäß der Input-Bewertung überein.

Die in der vorliegenden Arbeit entwickelte Input-Methode (vgl. Abschnitt 2.3) gestattet eine Bewertung der Kombinationswirkung sowohl in qualitativer als auch in quantitativer Form. Durch die Einführung relativer Belastungsstärken können erstmalig auch Kombinationen mit unterschiedlich dimensionsbehafteten physikalischen und/oder chemischen Noxen in das Bewertungsschema einbezogen werden. Der Input-Koeffizient K_b dient als Maß für eine

Abweichung der Kombinationswirkung vom input-additiven Verhalten, wobei diese Abweichung auch statistisch gesichert werden kann. Die in einem Kombinationsquadrat graphisch darzustellende „Linie gleicher Wirkungsstärke“ kann durch eine Isobolengleichung näherungsweise mathematisch beschrieben werden. Anhand des Isobolenkoeffizienten k ist eine Input-Bewertung ebenfalls möglich. Die Input-Methode kann auf Kombinationen mit mehr als zwei beteiligten Noxen erweitert werden.

5.1.3 Input-output-variable Verfahren

Nach Art einer „Faustregel“ wird bei Kombinationsuntersuchungen vielfach dann verfahren, wenn zwei verschiedene Stoffe X, Y in bestimmten Dosenbereichen einzeln gleich starke Effekte auslösen (ZIPF und HAMACHER 1966). Dabei kombiniert man die halben Dosen beider Stoffe in der Erwartung des vollen Effekts. Als Versuchsresultat ergeben sich die 3 Varianten:

a)	1/2 X + 1/2 Y	wirkt so stark wie	1/1 X bzw. 1/1 Y
b)	1/2 X + 1/2 Y	wirkt stärker als	1/1 X bzw. 1/1 Y
c)	1/2 X + 1/2 Y	wirkt schwächer als	1/1 X bzw. 1/1 Y

ZIPF und HAMACHER (1966) haben bereits darauf hingewiesen, daß mit dieser Prüfung auf keinen Fall eine verwertbare Aussage über das Maß des Kombinationseffektes im gesamten Kombinationsbereich getroffen werden kann. Anhand des graphischen Verfahrens nach FREI (1913) kann gezeigt werden, daß bei der Dosenkombination von 1/2 X + 1/2 Y eine „Verstärkung“ oder „Abschwächung“ auftreten kann, ohne daß eine Überaddition oder Unteraddition vorzuliegen braucht (vgl. Abschnitt 5.1.1).

Von KUSTOV et al. (1972, 1973, 1975), BURCHANOV (1975), LARIONOV und BROJTMAN (1975) wird zur Untersuchung der Kombinationswirkung von mehreren einwirkenden Schadstoffen die Regressionsanalyse (mehrfache lineare Regression) verwendet. Ausgangspunkt für die Ermittlung der Regressionsparameter ist folgendes Versuchsschema:

y	x_1	x_2	...	x_n
y_1	x_{11}	x_{21}	...	x_{n1}
y_2	x_{12}	x_{22}	...	x_{n2}
.				
.				
.				
y_k	x_{1k}	x_{2k}	...	x_{nk}

Dabei bedeuten y die Stärke des biologischen Effekts und x_1 bis x_n die Konzentrationen der n einwirkenden Noxen. Die Versuche werden für k verschiedene Konzentrationsvarianten durchgeführt. Die Regressionsanalyse gestattet, den Einfluß mehrerer kombiniert auf einen Organismus einwirkender Schadfaktoren abzuschätzen.

Von SZADKOWSKI und LEHNERT (1979) ist ein „Modell zur Toxizitätsprüfung von Schadstoffkombinationen“ vorgestellt worden. Darin werden die bei Schadstoffinteraktionen im Organismus ablaufenden Vorgänge als ein System mit inputs (Einflußgrößen x) und outputs (Zielgrößen y) aufgefaßt. Zur Aufdeckung von Zusammenhängen zwischen beiden Größen wird die Regressionsanalyse (mehrfache lineare und nichtlineare Regression) eingesetzt.

Das Verhalten der Antwortgröße y bei zwei Einflußgrößen x_1 und x_2 wird unter der Bedingung geprüft, daß bei konstantem x_1 bzw. x_2 stufenweise x_2 bzw. x_1 variiert werden. Im einfachsten Fall sind 4 Kombinationsmöglichkeiten vorgegeben:

x_1	x_2
niedrig	niedrig
niedrig	hoch
hoch	niedrig
hoch	hoch

Dieses 4-Punkte-Raster kann durch weitere Abstufungen von x_1 und/oder x_2 erweitert werden.

SZADKOWSKI und LEHNERT (1979) haben ihr Modell auf eine Untersuchung der Absterberate von Mäusen bei kombinierter Einwirkung von 2 organischen Lösungsmitteln angewendet. Für jede Noxe wurden 4 äquidistante Dosis-Abstufungen gewählt. Als Resultat einer multiplen nichtlinearen Regressionsrechnung ergab sich für den untersuchten Effekt eine Funktion der Form:

$$y = a + bx_1 + cx_2 + dx_1x_2 + ex_1^2 \qquad (5.2)$$

Diese Funktion repräsentiert bei einer vorgegebenen Dosiskombination den Gesamteffekt. Anhand des bilinearen Gliedes dx_1x_2 kann der zu beurteilende Wechselwirkungsanteil abgeschätzt werden. Das genannte Verfahren beschränkt sich auf eine Kombination chemischer Noxen. Formeln zur Bewertung der Kombinationswirkung werden nicht angegeben. Der Zeitfaktor ist in diesem Modell nicht berücksichtigt.

5.1.4 Zur Methodenanwendung und Bewertung

Bei der Planung eines Kombinationsexperimentes sind die Fragen zu stellen:

Welches ist die geeignete Methode?
Welche Vor- und Nachteile besitzen die einzelnen Verfahren?

Die Output-Methode ist für Belastungsuntersuchungen mit kombinierten Noxen universell anwendbar. Sie kann sowohl für den Fall gleichgerichteter Wirkungen ($\operatorname{sgn} W_1 = \operatorname{sgn} W_2$) als auch für den Fall entgegengesetzt gerichteter Wirkungen ($\operatorname{sgn} W_1 \neq \operatorname{sgn} W_2$) der beiden Einzelkomponenten eingesetzt werden. Die Output-Methode zeichnet sich gegenüber dem Input-Verfahren durch einen geringen ökonomischen Aufwand zur Ermittlung der für eine Bewertung erforderlichen Größen aus. Dies bedeutet, daß zur Bestimmung des Output-Koeffizienten K_w gegenüber dem Input-Koeffizienten K_b eine geringere Anzahl von Versuchsobjekten (Versuchstiere, Probanden) benötigt wird. Die Output-Methode ist eine ökonomisch vertretbare Methode zur Untersuchung des zeitlichen Verlaufs einer kombinierten Wirkung. Insbesondere ist das Output-Verfahren zur Untersuchung der Rhythmik biologischer Parameter bei kombinierter Belastung geeignet. Die Anwendbarkeit der Input-Methode beschränkt sich auf den Fall gleichgerichteter Wirkungen der beiden Einzelkomponenten ($\operatorname{sgn} W_1 = \operatorname{sgn} W_2$). Durch eine mehrfache Wiederholung des Input-Versuchs mit unterschiedlichen Belastungsstärke-Paaren erhält man „Punkte gleicher Wirkungsstärke", deren Verbindungslinie die Isobole für das untersuchte Zweikomponenten-System ist. Die Isobolendarstellung zeigt anschaulich den Betrag und die Richtung eines Abweichens der Kombinationswirkung vom input-additiven Verhalten für die verschiedenen Belastungsstärke-Bereiche. Für die Input-Methode ist es erforderlich, daß nicht im Sättigungsbereich der entsprechenden Kennlinie (vgl. Abschnitt 2.4) gearbeitet wird. Dies ist im Vorversuch zu testen. Man wird die Input-Methode stets dort einsetzen, wo für ein Zweikomponenten-System die Kenntnis von äquieffektiven Belastungsstärkekombinationen erforderlich ist. Aufgabenstellungen dieser Art sind für die Pharmakologie, Toxikologie und Arbeitsmedizin relevant.

Durch eine Regressionsanalyse wird die Funktion $W = f(B_1,B_2)$ ermittelt, welche den Zusammenhang der Wirkungsstärke W mit den beiden Belastungskomponenten B_1 und B_2 in einem experimentell vorgegebenen Bereich beschreibt. Der größere Informationsgehalt der durch eine Regressionsrechnung erhaltenen Resultate gegenüber den Ergebnissen einer Input- oder Output-Untersuchung wird jedoch durch einen wesentlich höheren Versuchsaufwand erkauft. Von der Funktion $W = f(B_1,B_2)$ kann nach dem in Abschnitt 2.4 beschriebenen Verfahren zu einer Input-Bewertung und/oder zu einer Output-Bewertung übergegangen werden.

Im Zusammenhang mit der Entwicklung und Anwendung von Methoden zur Untersuchung von Kombinationswirkungen ist stets die Frage nach Bewertungskriterien gestellt worden. In der Literatur ist eine Vielzahl von Bezeichnungen zur Charakterisierung eines Kombinationseffektes wie additiver Synergismus, negativer Synergismus, relativer Synergismus, absoluter Synergismus, potenzierender Synergismus, Potenzierung, potenzierender Antagonismus, relativer Antagonismus, absoluter Antagonismus, Verstärkung, Abschwächung, Summation, Multiplikation, Division u.a. zu finden (BÜRGI 1938, ZIPF 1953, ZIPF und HAMACHER 1965, 1966, HAUSCHILD 1973, KUSTOV et al. 1975, SCHELER 1980).

Bereits ZIPF und HAMACHER (1966) haben darauf hingewiesen, daß viele dieser Begriffe überflüssig und irreführend sind. Bei verhältnisskalierten Merkmalswerten sind zur qualitativen Kennzeichnung einer Kombinationswirkung die Bezeichnungen „überadditiv", „additiv" und „unteradditiv" unter Nennung des verwendeten Verfahrens (Input- oder Output-Methode) eindeutig und ausreichend. Bei ordinalen und intervallskalierten Merkmalswerten kommen die Bezeichnungen „synergistisch" und „antagonistisch" sowie „überdurchschnittlich", „durchschnittlich" und „unterdurchschnittlich" hinzu. Es muß darauf hingewiesen werden, daß bei höher skalierten Merkmalen stets auch eine Bewertung auf niedrigerer Stufe durchgeführt werden kann.

Bei verhältnisskalierten Merkmalswerten dient zur quantitativen Kennzeichnung einer Kombinationswirkung der Input-Koeffizient K_b und/oder der Output-Koeffizient K_w. Im folgenden Schema sind die möglichen Bewertungsfälle zusammengestellt.

Input-Methode	Output-Methode	Bewertung der Kombinationswirkung
$K_b < 1$	$K_w > 1$	überadditiv
$K_b = 1$	$K_w = 1$	additiv
$K_b > 1$	$K_w < 1$	unteradditiv

Ein äquivalentes Bewertungsschema bei Anwendung der Input- und/oder der Output-Methode ist das folgende:

Koeffizient der Kombinationswirkung	Bewertung der Kombinationswirkung
$K_w > 1$	output-überadditiv
$K_w = 1$	output-additiv
$K_w < 1$	output-unteradditiv
$K_b < 1$	input-überadditiv
$K_b = 1$	input-additiv
$K_b > 1$	input-unteradditiv

Der Vorteil dieses zweiten, modifizierten Bewertungssystems liegt darin, daß aus den Wörtern „output“ oder „input“ der Bewertungsangaben direkt ersichtlich wird, ob eine Bewertung anhand von Output-Größen oder anhand von Input-Größen erfolgte.

Dadurch entfällt bei der quantitativen Kennzeichnung eines Kombinationsverhaltens die zusätzliche Angabe der benutzten Methode.

Eine weitere Bewertungsunterteilung ist für den Fall $K_b = z_1 + z_2 > 1$, d.h. für input-unteradditive Kombinationswirkungen, möglich und auch sinnvoll. Dabei dient der Isobolenverlauf als Bewertungskriterium. Liegt eine Isobole innerhalb des Kombinationsquadrates (Abb. 9), d.h. gelten zusätzlich für die relativen Belastungsstärken die Beziehungen $z_1 < 1$ für $0 < z_2 \leq 1$ und $z_2 < 1$ für $0 < z_1 \leq 1$, so sollte die Kombinationswirkung „relativ-unteradditiv“ genannt werden. Verläuft eine Isobole jedoch außerhalb des Kombinationsquadrates (Abb. 12), d.h. gelten $z_1 > 1$ für $0 < z_2 \leq 1$ und $z_2 > 1$ für $0 < z_1 \leq 1$, so sollte die Kombinationswirkung als „absolut-unteradditiv“ bezeichnet werden. Bei Vorliegen des Grenzfalles $z_1 = 1$ für $0 < z_2 \leq 1$ und $z_2 = 1$ für $0 < z_1 \leq 1$ sollte die Kombinationswirkung „unabhängig-unteradditiv“ genannt werden.

5.2 Zu Belastungsuntersuchungen unter chronobiologischem Aspekt

5.2.1 Zeitlicher Verlauf der Belastung

Bei Belastungsuntersuchungen kann die Belastungsstärke der im Experiment verwendeten Noxen im Prinzip jede beliebige Form des zeitlichen Verlaufs annehmen. Bei bekannter Input-Funktion B(t) und bekannter Output-Funktion W(t) läßt sich für lineare Systeme die Übertragungsfunktion G(p) anhand der Gleichung (2.45) berechnen. Die Funktion G(p) ist ebenso wie die Übergangsfunktion w(t) und die Gewichtsfunktion g(t) eine Kennfunktion zur Beschreibung des dynamischen Verhaltens von Systemen, bei denen Linearität vorausgesetzt werden kann.

Biologische Systeme sind in der Regel nichtlinear, d.h. ihre statischen Kennlinien oder Kennflächen sind mehr oder weniger gekrümmt. Die zu untersuchenden organismischen Systeme können daher nur für einen bestimmten Belastungsstärkebereich näherungsweise als linear angesehen werden. Die Näherung ist dabei um so besser, je kleiner der im Versuch benutzte Belastungsstärkebereich ist.

Von praktischer Bedeutung für experimentelle Belastungsstudien sind folgende Belastungsformen:

- sprungförmige Belastung,
- stoßförmige Belastung,
- periodische Belastung,
- stochastische Belastung.

Eine bei physikalischen Noxen häufig im Experiment angewendete Belastungsart ist die sprungförmige Belastung. Diese ist durch einen zum Zeitpunkt t_o stattfindenden Sprung der Belastungsstärke B(t) gemäß Formel (2.48) gekennzeichnet. Die Antwortfunktion eines linearen Systems auf einen Einheitssprung heißt Übergangsfunktion w(t). In den Abb. 18 und 19 sind die Übergangsfunktionen einiger P- und D-Systeme sowie eines Totzeit-Systems graphisch dargestellt.

In unseren Anwendungsbeispielen (vgl. Abschnitte 4.2 und 4.3) wurde für die physikalischen Noxen Lärm und Ganzkörperschwingung eine sprungförmige Belastungsform benutzt. Bei der Untersuchung der Motorialaktivität von Ratten unter Dauerbelärmung fand ein Sprung des Schalldruckpegels von etwa B = 30 dB (Grundgeräusch) auf den Wert B = 80 dB statt.

Bei der Untersuchung der Pulsfrequenz und anderer physiologischer Parameter von Probanden unter kombinierter Lärm- und Schwingungseinwirkung fand sowohl ein Sprung der Schwingbeschleunigung von $B_1 = 0\ m/s^2$ auf den Wert $B_1 = 0{,}85\ m/s^2$ als auch ein Sprung des Schalldruckpegels von einem Grundpegel $B_2 = 55$ dB(A) auf den Belastungspegel $B_2 = 90$ dB(A) statt. Dabei erfolgte der Belastungsstärkesprung für beide Noxen zum gleichen Zeitpunkt t_o.

In Abb. 36 sind die Sprungantworten y(t) für den Parameter „Pulsfrequenz" über einen Belastungszeitraum von 30 min graphisch dargestellt. Die Antwortfunktion $y(t)_{12}$ bei kombinierter Belastung zeigt einen schwingungsförmigen Verlauf, wobei die durchschnittliche Periodendauer T = 6 min beträgt. Die ermittelte Funktion $y(t)_{12}$ entspricht somit näherungsweise der Übergangsfunktion eines gering gedämpften P-Systems 2. Ordnung.

Für Belastungsuntersuchungen ist neben der Sprungfunktion die Stoßfunktion als Input-Funktion von Bedeutung. Eine stoßförmige Belastung ist gekennzeichnet durch einen zum Zeitpunkt t_o stattfindenden Belastungsstärke-Impuls gemäß Formel (2.50). Die Antwortfunktion eines linearen Systems auf einen Einheitsstoß heißt Gewichtsfunktion g(t).

In der Praxis ist ein idealer Stoß nicht realisierbar. Für eine experimentelle Untersuchung ist es ausreichend, wenn die Stoßdauer $\Delta\tau$ so kurz ist, daß sich das System während dieser Stoßdauer praktisch noch im Ruhezustand befindet. Dies bedeutet, daß die Stoßdauer sehr klein gegenüber der Einschwingzeit t_e des Systems sein muß:

(5.3) $$\Delta\tau \ll t_e$$

Für ein organismisches System stellt eine oral verabreichte chemische Noxe näherungsweise eine stoßförmige Belastung dar. In unseren Anwendungsbeispielen wurden die Noxen Acrylnitril, Cyclohexanon, Cyclohexanonoxim und Tetrachlorkohlenstoff den Versuchstieren in bestimmter Dosis einmalig oral appliziert. Das System „Tierorganismus" wurde damit stoßförmig durch eine chemische Noxe belastet, wobei die Bedingung (5.3) eingehalten war.

Bei der kybernetischen Black-Box-Betrachtung bleibt die Weiterleitung, die Umwandlung und der Abbau der applizierten Noxen innerhalb des Organismus unberücksichtigt.

Im Gegensatz zu oral verabreichten Substanzen können bei inhalativ vom Organismus aufgenommenen chemischen Noxen auch sprungförmige Änderungen der Belastungsstärke (Konzentration) realisiert werden.

Eine relevante periodische Belastungsart ist die sinusförmige Einwirkung gemäß Formel (2.42). Diese zeichnet sich dadurch aus, daß bei linearen Systemen für die Ausgangsgröße W(t) im eingeschwungenen Zustand ebenfalls eine Sinusschwingung der gleichen Kreisfrequenz ω resultiert (vgl. Abschnitt 2.5.1.2). Durch Anwendung sinusförmiger Belastungen mit veränderlicher Frequenz kann der aus der Amplitudenkurve $|G(i\omega)|$ und der Phasenkurve $\varphi(\omega)$ bestehende komplexe Frequenzgang $G(i\omega)$ ermittelt werden.

Eine sinusförmige Belastung ist experimentell schwieriger zu realisieren als eine sprung- oder stoßförmige Einwirkung. Deshalb werden sinusförmige Input-Größen für Belastungsuntersuchungen selten angewendet.

Nach FOURIER kann jeder nichtsinusförmige periodische Verlauf durch eine unendliche Summe von Sinus- bzw. Cosinus-Funktionen dargestellt werden (ZURMÜHL 1963). Somit kann eine nichtsinusförmige periodische Belastung auf eine Summe von sinusförmigen Einwirkungen zurückgeführt werden.

Eine für technische Systeme moderne Untersuchungsmethode ist die Anwendung der stochastischen Belastung (WOSCHNI 1964). Diese ist dadurch gekennzeichnet, daß sich die Belastungsstärke hinsichtlich des Betrages und der Phase zeitlich regellos ändert. Die Anwendung der stochastischen Belastungsform ist prinzipiell auch für organismische Systeme möglich.

Liegt am Eingang eines linearen Systems ein stationärer Rauschvorgang, so kann der Amplitudengang $|G(i\omega)|$ ermittelt werden. Dazu müssen die spektrale Leistungsdichte $S(\omega)_b$ der am Input liegenden Rauschgröße sowie die entsprechende Spektralverteilung $S(\omega)_w$ des für den Versuch ausgewählten Output-Parameters bekannt sein (WOSCHNI 1964). Der gesuchte Amplitudengang ergibt sich zu:

(5.4) $$|G(i\omega)|^2 = S(\omega)_w / S(\omega)_b$$

Bei der Berechnung des Amplitudenganges gemäß Formel (5.5) sind das Eigenrauschen sowie die circadianen bzw. ultradianen Oszillationen für den Output-Parameter zu eliminieren.

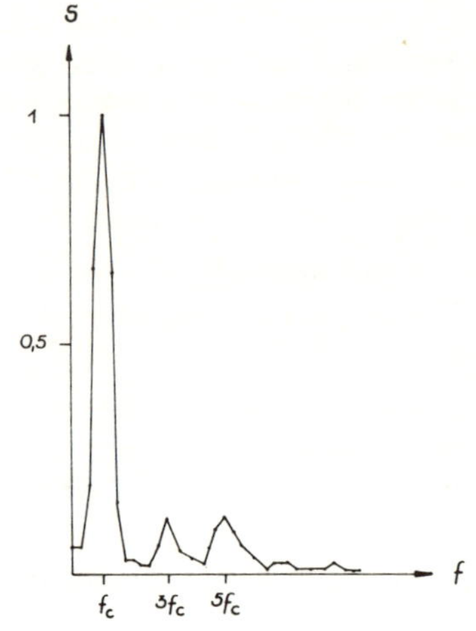

Abb. 38: *Leistungsdichte-Spektrum der Aktivitätsmenge von Ratten (S = spektrale Leistungsdichte, $f_c = 1{,}2 \cdot 10^{-5}$ Hz Circadianfrequenz)*

In Abb. 38 ist als Beispiel das Leistungsdichtespektrum $S(f) = 2\pi\ S(\omega)$ für die Aktivitätsmenge unbelasteter Ratten dargestellt ($\omega = 2\pi f$). Im Spektrum sind neben einem Rauschanteil (Eigenrauschen) Maxima bei der Circadianfrequenz $f_c = 1{,}2 \cdot 10^{-5}$ Hz sowie bei den ultradianen Frequenzen 3 f_c und 5 f_c sichtbar. Das Spektrum umfaßt insgesamt einen Frequenzbereich von $f_o = 0$ Hz bis $f_m = 1{,}4 \cdot 10^{-4}$ Hz. Die obere Grenzfrequenz f_m einer Spektralverteilung S(f) ist nur abhängig von der zeitlichen Auflösung Δt der Meßgröße y(t); dabei gilt:

(5.5) $$f_m = 1/2\Delta t$$

Ein Nachteil der stochastischen Belastungsart ist, daß keine Phaseninformationen gewonnen werden können.

Bei den bisher diskutierten Input-Output-Beziehungen blieb die Biorhythmik unberücksichtigt. Im folgenden Abschnitt finden die tagesrhythmischen Schwankungen biologischer Parameter eine Berücksichtigung. Dabei wird eine Linearität der untersuchten Systeme nicht vorausgesetzt.

5.2.2 Input-Output-Beziehungen und Tagesrhythmik

Viele Körperfunktionen zeigen periodische Schwankungen infolge des Einflusses geophysikalischer Tages-, Monats- und Jahreszyklen. Insbesondere ist die Tagesrhythmik biologischer Parameter systematisch untersucht sowie auf ihre Bedeutung für die Belastbarkeit des Organismus hingewiesen worden (ASCHOFF 1951, 1954, 1955, 1963, GRAF 1955, BÜNNING 1958, ASCHOFF und WEVER 1962, HALBERG 1968, DRISCHEL 1972, PALMER 1976, SINZ 1978, 1980, MLETZKO, H.G. und MLETZKO, I. 1977 u.a.).

JORES (1935) hat als erster eine tagesrhythmisch abgestimmte Therapie vorgeschlagen. HALBERG (1964), REINBERG und HALBERG (1971) sowie SCHEVING et al. (1974) untersuchten die Tageszeitabhängigkeit der Wirkung chemischer Therapeutika. RENSING (1969) konnte tierexperimentell einen Tagesgang der Empfindlichkeit gegenüber Röntgenstrahlen nachweisen.

Von MLETZKO (1975) wurde die chemische Noxe Acrylnitril (ACN) hinsichtlich ihrer tagesrhythmisch veränderlichen Wirkung untersucht. Eine LD_{50}-Bestimmung von Ratten ergab, daß ACN um 4.00 Uhr appliziert seine geringste und um 10.00 Uhr appliziert seine größte Toxizität zeigt. Untersuchungen des Gasstoffwechsels am Ganztier sowie an der Rattenleber ergaben ebenfalls, daß bei Belastung mit ACN deutliche Wirkungsunterschiede zwischen der α- und der ρ-Phase resultieren.

Anhand einer Untersuchung der Motorialaktivität von Ratten wurde geprüft, ob bei Belastung des Organismus mit der physikalischen Noxe Lärm tageszeitlich unterschiedliche Wirkungen resultieren. Dazu wurde die Aktivitätsmenge unter dem Einfluß einer Tag-, Nacht- und Dauerbelärmung registriert (HENKEL und MLETZKO 1980).

Bei Tagbelärmung (6.00–18.00 Uhr) ergeben sich auffällige Veränderungen der Tiermotorik. In der lärmbelasteten ρ-Phase zeigt sich eine deutliche Abnahme der Aktivitätsmenge und in der darauffolgenden lärmfreien α-Phase findet man eine Zunahme der Aktivitätswerte. Dies bedeutet, daß eine Lärmbelastung in der ρ-Phase eine Nachwirkung in der belastungsfreien α-Phase hat.

Ein ähnliches Verhalten konnte auch für den Gasstoffwechsel der Ratte nachgewiesen werden (MLETZKO, H.G. und MLETZKO, I. 1978).

Bei Nachtbelärmung (18.00–6.00 Uhr) findet man nur relativ geringe Änderungen der Aktivitätswerte.

Bei Dauerbelärmung der Tiere ergibt sich die größte Zunahme der diurnalen Aktivitätsmenge. Diese erreicht am 4. und am 10. Lärmtag ein Maximum.

Ein Vergleich der Nacht- (α-Phase) und der Tagaktivitätsmenge (ρ-Phase) zeigt, daß die Zunahme der diurnalen Aktivitätsmenge dauerbelärmter Tiere hauptsächlich durch eine Erhöhung der Nachtaktivitätsmenge bedingt ist. Für das Versuchstier Ratte ist somit bei konstanter Lärmbelastung im wesentlichen eine Wirkung hinsichtlich der Tiermotorik in der aktiven Phase (α–Phase) zu verzeichnen, während der Wirkungsanteil in der Ruhephase (ρ-Phase) sehr gering ist.

In Ergänzung der biorhythmischen Untersuchungen bei alleiniger Lärmbelastung wurde die Motorialaktivität von Ratten bei kombinierter Einwirkung von Lärm und Acrylnitril (ACN) bestimmt (vgl. Abschnitt 4.3.1).

Die Lärmexpositionsdauer betrug 2 d (Beginn: 10.00 Uhr). Das ACN wurde den Tieren zu Beginn der Belärmung appliziert. Die Auswertung erfolgte getrennt für den 1. und 2. Belastungstag (Tabellen 10–12). Ein Vergleich der unter Belastung resultierenden Änderungen des Niveaus sowie der Amplitude und der Phase der untersuchten Grundschwingung der Aktivitätsmenge zeigt deutliche Unterschiede. Während der Phasenwinkel bei Einzel- und auch bei kombinierter Belastung nur positive Änderungen aufweist, ergeben sich für das Niveau und die Amplitude unter Belastung sowohl positive als auch negative Änderungen. Bei Einzelbelastung überwiegt an beiden Belastungstagen der Lärmanteil (Noxe 1) gegenüber dem ACN-Anteil (Noxe 2):

(5.6) $\Delta a_{01} \geq \Delta a_{02}$; $\Delta c_1 \geq \Delta c_2$; $\Delta\varphi_1 \geq \Delta\varphi_2$

Für die Kombination Lärm/ACN ergeben sich folgende Niveau- und Amplituden-Koeffizienten gemäß Formel (2.81):

1. Belastungstag: $K_{wn(1)} = -0{,}16$; $K_{wa(1)} = -0{,}87$
2. Belastungstag: $K_{wn(2)} = 0{,}02$; $K_{wa(2)} = -0{,}25$

Für das Niveau und die Amplitude resultiert an beiden Belastungstagen ein output-unteradditiver Effekt. Dagegen ergibt sich für die Phase ein überdurchschnittliches Kombinationsverhalten. Somit wirkt sich eine kombinierte Belastung in Relation zur Einzelbelastung für den untersuchten biologischen Parameter am stärksten in einer positiven Änderung der Phase aus; danach folgen eine Niveau- und Amplitudenänderung. Gleichzeitig tendieren die Größen K_{wn} und K_{wa} am 2. Belastungstag, d.h. nach Abklingen des Einschwingvorganges des betrachteten Systems zu größeren Werten:

(5.7) $K_{w(1)} \leq K_{w(2)}$

Eine Cosinor-Darstellung der Motorialaktivität für die einzelnen Tiergruppen zeigt die Änderungen von Amplitude und Phase unter Belastung in einem Polarkoordinatensystem sowie die zugehörigen Konfidenzbereiche der Hauptvektoren ($\bar{c}$, $\bar{\varphi}$) (Abb. 34). Der Hauptvektor der lärmbelasteten Gruppe ($\bar{c}_L$, $\bar{\varphi}_L$) unterscheidet sich signifikant von den Vektoren der Kontrollgruppe ($\bar{c}_0$, $\bar{\varphi}_0$) und der kombiniert belasteten Gruppe ($\bar{c}_{AL}$, $\bar{\varphi}_{AL}$). Dies bedeutet, daß eine unterschiedliche circadiane Rhythmik der Motorialaktivität für die entsprechenden Tiergruppen vorhanden ist.

Die biorhythmischen Belastungsuntersuchungen haben ebenso wie die zu bestimmten Zeitpunkten der Belastungsphase durchgeführten Messungen ergeben, daß die Noxe Lärm bei Organismen extraaurale Wirkungen hervorrufen kann, die mit den Wirkungen anderer einzeln einwirkender Noxen vergleichbar sind oder diese sogar übertreffen. In der Kombination von Lärm mit anderen Noxen können sowohl unteradditive als auch additive und überadditive Effekte auftreten.

6. Zusammenfassung

Im Arbeitsbereich des Menschen sind Belastungssituationen vielfach durch ein kombiniertes Einwirken mehrerer Umweltfaktoren charakterisiert. Die experimentelle Untersuchung von kombinierten Einwirkungen physikalischer und chemischer Noxen auf ein organismisches System bildet eine Grundlage für arbeitsmedizinische Risikobeurteilungen.

Es war ein Anliegen der vorliegenden Arbeit, ein theoretisches Modell zur Untersuchung von kombiniert auf den Organismus einwirkenden Noxen zu entwickeln sowie im Experiment anzuwenden.

Das entwickelte Modell enthält 2 Untersuchungsvarianten, die Output- und die Input-Methode. Bei Anwendung dieser beiden Untersuchungsvarianten können die Ergebnisse von Kombinationsversuchen sowohl in qualitativer als auch in quantitativer Form bewertet werden.

Bei der Output-Methode erfolgt eine Bewertung der Kombinationswirkung anhand der experimentell ermittelten Wirkungsstärken W_i. Der hier eingeführte Output-Koeffizient K_w dient als Maß für eine Abweichung einer kombinierten Wirkung vom output-additiven Verhalten, wobei diese Abweichung auch statistisch gesichert werden kann. Das Output-Verfahren ist zur Untersuchung des zeitlichen Verlaufs einer kombinierten Wirkung sowie zum Studium der Kombinationswirkung biorhythmischer Prozesse geeignet.

Bei der Input-Methode erfolgt eine Bewertung der Kombinationswirkung anhand der experimentell ermittelten Belastungsstärken B_i. Durch die Einführung relativer Belastungsstärken können erstmalig auch Kombinationen mit unterschiedlich dimensionsbehafteten physikalischen und chemischen Noxen in das Bewertungsschema einbezogen werden. Dies ist besonders für arbeitsmedizinische Untersuchungen von Relevanz. Der in Analogie zur Output-Methode definiert Input-Koeffizient K_b dient als Maß für eine Abweichung einer kombinierten Wirkung vom input-additiven Verhalten, wobei diese Abweichung ebenfalls statistisch gesichert werden kann. Ein Belastung-Wirkung-System mit 2 Input-Komponenten gestattet eine zweidimensionale Darstellung der Isobole sowie eine mathematische Beschreibung dieser „Linie gleicher Wirkungsstärke“.

Der Zusammenhang zwischen Belastungsstärke B und Wirkungsstärke W kann im Falle einer einzeln auf ein organismisches System einwirkenden Noxe – bei statischer Betrachtungsweise – durch eine statische Kennlinie dargestellt werden. In Analogie dazu wird bei kombinierter Belastung mit 2 unterschiedlichen Noxen eine statische Kennfläche eingeführt. Bei nichtlinearer Belastung-Wirkung-Beziehung ist diese Kennfläche gekrümmt; auf die dann möglicherweise auftretenden Bewertungsunterschiede von Input- und Output-Untersuchungen wird erstmalig hingewiesen.

Eine Beschreibung des dynamischen Verhaltens eines linearen Belastung-Wirkung-Systems kann anhand der Kennfunktionen im Frequenzbereich G(p) und G(iω) und der Kennfunktionen im Zeitbereich w(t) und g(t) erfolgen.

Zur Kennzeichnung des Kombinationsverhaltens eines beliebigen Zweikomponenten-Systems bei zeitlich veränderlichen Wirkungsstärken W_i dient der mittlere Output-Koeffizient $\overline{K}_w$. Zum ersten Mal sind bei den kombinierten Belastungsuntersuchungen auch biorhythmische Betrachtungen einbezogen worden. Die hier eingeführten Koeffizienten K_{wn}, K_{wa} und K_{wf} charakterisieren das Kombinationsverhalten eines periodisch schwankenden biologischen Parameters getrennt hinsichtlich des Niveaus, der Amplitude und der Frequenz.

Die Anwendung des „Modells zur Untersuchung von kombiniert auf den Organismus einwirkenden Noxen“ erfolgte im Tierexperiment und im Probandenversuch anhand ausgewählter biologischer Parameter. Dabei sind die kombinierten Belastungsuntersuchungen mit 2 unterschiedlichen Noxen sowohl nach der Input- als auch nach der Output-Methode durchgeführt worden.

Bei den tierexperimentellen Input-Untersuchungen wurden je 2 physikalische Noxen, 2 chemische Noxen sowie 1 physikalische und 1 chemische Noxe kombiniert. Die Experimente lieferten qualitativ unterschiedliche Bewertungsresultate. Für die untersuchten Kombinationen Lärm-Ganzkörperschwingung und Cyclohexanon-Ganzkörperschwingung ergaben sich input-unteradditive Kombinationswirkungen. Dagegen resultierte für die geprüfte Schadstoff-Kombination Cyclohexanon-Cyclohexanonoxim ein input-überadditiver Effekt. Aus arbeitsmedizinischer Sicht verdient ein überadditives Kombinationsverhalten eine besondere Aufmerksamkeit.

Nach der Output-Methode sind die Noxenkombinationen Lärm-Acrylnitril, Lärm-Tetrachlorkohlenstoff und Lärm-Ganzkörperschwingungen untersucht worden. Die Ergebnisse der Tierexperimente und des Probanden-Versuchs zeigen, daß sich die Einzelwirkungen der Noxen in der Kombination sowohl abschwächen als auch wesentlich verstärken können. Beispielsweise ergab eine Bestimmung der Pulsfrequenz von Probanden bei kombinierter Einwirkung von Lärm und Ganzkörperschwingungen ein output-überadditives Verhalten, wobei die Kombinationswirkung um mehr als den Faktor 4 gegenüber der Summe der Einzelwirkungen erhöht war.

Die Bedeutung der Biorhythmik für kombinierte Belastungsuntersuchungen wird am Beispiel einer Registrierung der Motorialaktivität von Versuchstieren, die gegenüber Lärm und Acrylnitril exponiert waren, aufgezeigt. Es resultierten für ein und denselben untersuchten biologischen Parameter unterschiedliche Bewertungsergebnisse bezüglich der biorhythmischen Größen Niveau, Amplitude und Phase. Ebenso muß beachtet werden, daß unterschiedliche biologische Parameter bei gleicher Noxenkombination qualitativ verschiedene Resultate liefern können.

Die Experimente zur Belastung des Organismus mit physikalischer und chemischer Noxe haben ergeben, daß bei kombinierter Einwirkung dieser Umweltfaktoren additive sowie nichtadditive Effekte auftreten können. Die arbeitsmedizinisch relevante Überadditivität einer Kombinationswirkung wurde bei Anwendung sowohl der Input- als auch der Output-Methode gefunden.

Experimentelle Untersuchungen kombinierter Belastungen haben ihre Bedeutung für die Arbeitsmedizin hinsichtlich einer Abschätzung des Gesundheitsrisikos für Werktätige, die bei ihrer Tätigkeit gegenüber mehreren Schadfaktoren exponiert sind. Biorhythmische Belastungsstudien können auf eine tageszeitlich unterschiedliche Belastbarkeit des Organismus hinweisen, woraus sich ihre Relevanz für die Schichtarbeit ableitet.

7. Literaturverzeichnis

Adam, J.: Einführung in die medizinische Statistik. Berlin: Verl. Volk und Gesundheit 1971.

Adam, J. (Hrsg.): Einführung in die Biostatistik, Reaktionskinetik und EDV. Berlin: Verl. Volk und Gesundheit 1972.

Adam, J. (Hrsg.): Mathematik und Informatik in der Medizin. Berlin: Verl. Volk und Gesundheit 1980.

Adam, J.; Scharf, J.-H.; Enke, H.: Methoden der statistischen Analyse in der Medizin und Biologie. Berlin: Verl. Volk u. Gesundheit 1977.

Aschoff, J.: Die 24-Stunden-Periodik der Maus unter konstanten Umgebungsbedingungen. Naturwissenschaften **38** (1951), 506–507.

Aschoff, J.: Zeitgeber der tierischen Tagesperiodik. Naturwissenschaften **41** (1954), 49–56.

Aschoff, J.: Der Tagesgang der Körpertemperatur beim Menschen. Klin. Wochenschr. **33** (1955 a), 545–551.

Aschoff, J.: Exogene und endogene Komponente der 24-Stunden-Periodik bei Tier und Mensch. Naturwissenschaften **42** (1955 b), 569–575.

Aschoff, J.: Spontane lokomotorische Aktivität (Handbuch der Zoologie. Bd. 8, Nr. 30). Berlin: Gruyter 1962.

Aschoff, J.: Gesetzmäßigkeiten der biologischen Tagesrhythmik. Dt. med. Wochenschr. **88** (1963), 1930–1937.

Aschoff, J.; Wever, R.: Spontanperiodik des Menschen bei Ausschluß aller Zeitgeber. Naturwissenschaften **49** (1962 a), 337–342.

Aschoff, J.; Wever, R.: Über Phasenbeziehungen zwischen biologischer Tagesperiodik und Zeitgeberperiodik. Z. vergl. Physiol. **46** (1962 b), 115–128.

Balint, P. (Hrsg.): Lehrbuch der Physiologie. Budapest: Akad. Kiado 1963.

Batschelet, E.: Statistical methods for the analysis of problems in animal orientation and certain biological rhythms. Washington: Aibs 1965.

Beier, W.; Dähnert, K.; Rödenbeck, M.: Medizinische Physik. Jena: Fischer 1972.

Bruns, F.: Bestimmung und Eigenschaften der Serumaldolase. Biochem. Z. **325** (1953/54), 156–162.

Bucharin, E.A.; Vladimirov, V.N.; Svistunov, N.T.: Nekotorye osobennosti reakcii organisma motoristov na neprodolžitel'noe vozdejstvie vychlopnych gasov na fone dejstvija šuma i vibracii. Gig. Tr. i profess. Zabolev. **21** (1977), H. 9, 46–48.

Bünning, E.: Die physiologische Uhr. Berlin, Göttingen, Heidelberg: Springer 1958.

Bürgi, E.: Die Arzneikombinationen. Berlin: Springer 1938.

Burchanov, A.I.: Kombinirovannoe dejstivie osnovnych komponentov polimetalličeskich pylej. Gig. Tr. i profess. Zabolev. **19** (1975), H. 3, 30–32.

Cavalli-Sforza, L.: Biometrie. Jena: Fischer 1972.

Chintschin, A.: Korrelationstheorie der statistischen stochastischen Prozesse. Math. Ann. **109** (1933/34), 604–615.

Diehl, H.; Kaschny, P.; Braun, H.; Blohm, M.; Schill, W.; Schmidt, W.R.; Jastorff, B.: Combined action of organic solvents or noise on physiological systems. In: Combined Effects of Environmental Factors (E.: O. Manninen). Proceedings of the 1st International Conference on the Combined Effects of Environmental Factors. Tampere, Finnland, 22.–25.9. 1984, S. 491–502.

Dobesch, H.: Laplace-Transformation. Berlin: Verl. Technik 1967.

Dobesch, H.; Sulanke, H.: Zeitfunktionen. Berlin: Verl. Technik 1970.

Doetsch, G.: Tabellen zur Laplace-Transformation und Anleitung zum Gebrauch. Berlin, Göttingen: Springer 1947.

Dost, F.H.: Grundlagen der Pharmakokinetik. Stuttgart: Thieme 1968.

Drischel, H.: Bausteine einer dynamischen Theorie der vegetativen Regulation. Wiss. Z. Univ. Greifswald, Math.-Naturwiss. R. **2** (1952/53), 99–164.

Drischel, H.: Biologische Rhythmen. Berlin: Akademie-Verl. 1972.

Drischel, H.: Einführung in die Biokybernetik. Berlin: Akademie-Verl. 1973.

Emel'janov, I.P.: Formy kolebanij v bioritmologii. Novosibirsk: Nauka 1976.

Fanghänel, J.; Schumacher, G.-H.: Beeinflussen Vibration und Lärm die Keimesentwicklung? Verh. Anat. Ges. **73** (1979), 685–686.

Finney, D.: The analysis of the toxicity tests on mixtures of poisons. Ann. Appl. Biol. **29** (1942), 82–85.

Finney, D.: Probit analysis. London, Cambridge 1952, zit. nach Kustov et al. (1975) a.a.O.

Fraser, R.: An experimental research on the antagonism between the actions of physostigma and atropia. Proc. royal Soc. **7** (1872), 506, zit. nach Zipf u. Hamacher (1966 a), a.a.O.

Frei, W.: Versuche über Kombinationen von Desinfektionsmitteln. Z. Hyg. u. Infekt.-Kr. **75** (1913), 433–496.

Graf, O.: Erforschung der geistigen Ermüdung und nervösen Belastung: Studien über die vegetative 24-Stunden-Rhythmik in Ruhe und unter Belastung. Köln, Opladen: Westdt. Verl. 1955, S. 19–23 (Forschungsberichte d. Wirtschafts- u. Verkehrsministeriums Nordrhein-Westf. Nr. 113).

Gröhn, E.: Spektralanalytische Untersuchungen zum zyklischen Wachstum der Industrieproduktion in der Bundesrepublik Deutschland 1950–1967. Tübingen: Kieler Studien 1970.

Günther, R.; Knapp, E.; Halberg, F.: Referenznormen der Rhythmometrie: circadiane Acrophasen von zwanzig Körperfunktionen (II). Z. angew. Bäder- u. Klimaheilkd. **16** (1969), 123–153.

Hackenberg, U.: Darstellung der Wirkungsstärke von Pharmaka-Kombinationen als Vielfache oder Bruchteile der theoretisch additiven Dosen. Naunyn-Schmiedebergs Arch.-Pharmakol. u. exper. Pathol. **241** (1961), 193–194.

Halberg, F.: Grundlagenforschung zur Ätiologie des Karzinoms. Ärztl. Fortbild. **14** (1964), 67–77.

Halberg, F.: Some aspects of biologic data analysis; longitudinal and transverse profils of rhythms. In: Circadian clocks. Amsterdam: North Holland Publ. Company 1965, S. 13–22.

Halberg, F.: Chronobiology, Ann. Rev. Physiol. **31** (1968), 675–725.

Halberg, F.: Laboratory techniques and rhythmometry. In: Biological aspects of circadian rhythms. London, New York: Plenum Press 1973, S. 1–26.

Halberg, F.; Engel, R.; Swank, R.; Seaman, G.; Hissen, W.: Cosinor-Auswertung circadianer Rhythmen mit niedriger Amplitude im menschlichen Blut. Phys. Med. u. Rehabilitat. **7** (1966), 101–107.

Halberg, F.; Engeli, M.; Hamburger, C.; Hilimann, D.: Spectral resolution of low-frequency, small-amplitude rhythms in excreted 17-ketosteroids; probable androgen-induoed ciroa septan desynchronization. Acta endocrinol. Suppl. **103** (1965), 5–54.

Halberg, F.; Lee, J.-K.: Glossary of selected chronobiologic terms. In: Chronobiology. Stuttgart: Thieme 1974, S. XXXVII–L.

Halberg, F.; Tong, Y.L.; Johnsen, E.A.: Circadian system phase – an aspect of temporal morphology; procedures and illustrativ examples. In: The cellular aspects of biorhythms. Berlin, Heidelberg, New York: Springer 1967, S. 20–48.

Haschen, R.J.: Enzymdiagnostik. 2., völlig neubearb. Aufl. Jena: Gustav Fischer Verl. 1981.

Hassenstein, B.: Biologische Kybernetik. Jena: Fischer 1967.

Haus, E.: Wirkungen einer kombinierten Heißluft-Radiumemanationsbehandlung auf das endokrine System. Z. angew. Bäder- u. Klimaheilkd. **4** (1957), 486 u. 593.

Haus, E.; Halberg, F.: Circadian phase diagrams of oral temperature and urinary functions in a healthy man studied „longitudinally". Acta endocrinal. **51** (1966), 215–223.

Hauschild, F.: Pharmakologie und Grundlagen der Toxikologie. 4. überarb. Aufl. Leipzig: Tieme 1973.

Hecht, K.; Treptow, K.; Choinowski, S.; Peschel, M.: Die raum-zeitliche Organisation der Reiz-Reaktions-Beziehungen bedingtreflektorischer Prozesse. Jena: Fischer 1972 (Abhandlungen aus dem Gebiet der Hirnforschung und Verhaltensphysiologie. Bd. 5).

Henkel, W.: Ein Bewertungsmodell für die kombinierte Einwirkung von physikalischen und chemischen Noxen. Z. ges. Hyg. **19** (1973), 501–504.

Henkel, W.: Untersuchungen zur kombinierten Belastung des Organismus mit physikalischen und chemischen Noxen unter Berücksichtigung der Biorhythmik. Halle, Univ.: Dissertation B 1984.

Henkel, W.: Zur kombinierten Entwicklung von physikalischen und chemischen Umweltfaktoren auf den Organismus. Zent. bl. Arb.med. Arb.schutz Prophyl. **38** (1988), S. 194–198.

Henkel, W.; Mletzko, G.: Output-Untersuchung der kombinierten Lärm- und Acrylnitrilbelastung von Ratten. Z. ges. Hyg. **20** (1974), 401–403.

Henkel, W.; Mletzko, G.: Input-Untersuchung der kombinierten Lärm- und Schwingungsbelastung von Ratten. Z. ges. Hyg. **21** (1975), 8–10.

Henkel, W.; Mletzko, H.G.: Untersuchung der Motorialaktivität der Ratte bei Tag- und Nachtbelärmung. In: Chronobiologie – Chronomedizin. Berlin: Akademie-Verl. 1981, S. 747–751 (Abhandlungen der Akademie der Wissenschaften der DDR, Jg. 1979, Nr. 1 N).

Henkel, W.; Mletzko, H.G.: Diurnale Messungen der Motorialaktivität lärmbelasteter Ratten bei unterschiedlichem Belärmungsregime. Z. ges. Hyg. **26** (1980), 417–421.

Henkel, W.; Mletzko, H.G.: Die Cosinor-Darstellung biorhythmischer Zeitreihen und ihre Anwendung bei Belastungsuntersuchungen. Z. ges. Hyg. **27** (1981), 195–198.

Henkel, W.; Morgenstern, E.; Meinhart, P.: Untersuchungen zur kombinierten Lärm- und Schwingungsbelastung von Probanden. Z. ges. Hyg. **26** (1980), 414–417.

Henkel, W.; Rublack, H.: Kombinierte Wirkung von Cyclohexanon und Oxim. Bewertung der Kombinationswirkung. Z. ges. Hyg. **22** (1976), 234–235.

Henkel, W.; Rublack, H.: Kombinierte Wirkung von Cyclohexanon und Ganzkörperschwingungen. Bewertung der Kombinationswirkung. Z. ges. Hyg. **26** (1980), 85–87.

Henkel, W.; Wagner, G.: Output-Untersuchung der kombinierten Lärm- und Tetrachlorkohlenstoff-Belastung von Ratten. Z. ges. Hyg. **24** (1978), 519–522.

Hildebrandt, G.: Rhythmus und Regulation. Med. Welt (1961), 73–81.

Hoffmann, P.; Mletzko, G.: Leberatmung von Ratten unter kombinierter Einwirkung von Lärm und Acrylnitril. Z. ges. Hyg. **18** (1972), 166–168.

Jores, A.: Physiologie und Pathologie der 24-Stunden-Rhythmik des Menschen. Ergebn. inn. Med. u. Kinderheilkd. **48** (1935), 574–629.

Kil'dišev, G.S.; Frenkel', A.A.: Analiz vremennych rjadov i prognozirovanie. Moskva: Statistika 1973.

Kindler, H.: Der Regelkreis. Berlin: Akademie-Verl. 1972 (Wiss. Taschenbücher: Reihe Mathematik u. Physik, Bd. 106).

Kleinzeller, A.: Manometrische Methoden und ihre Anwendung in der Biologie und Biochemie. Jena: Fischer 1965.

Kostov, V.V.; Juchnovskij, G.D.; Ždanov, A.M.: Osobennosti kombinirovannogo dejstvija smesi letučich produktov termookicletel'noj destrukcii smazočnogo masla marki B-3 V. Gig. Tr. i profess. Zabolev. **17** (1973). H. 12, 53–54.

Kostov, V.V.; Tiunov, L.A.; Vasil'ev, G.A.: Kombinirovannoe dejstivie promyslennych jadov. Moskva: Medicina 1975.

Kustov, V.V.; Tiunov, L.A.; Vasil'ev, G.A.; Kejzer, S.A.; Ivanova, F.A.: Kombinirovannoe dejstvie okisi ugleroda i ioniziryjuščej radiacii v uslovijach chroničeskogo éksperimenta. Gig. Tr. i profess. Zabolev. **15** (1971), H. 5, 36–38.

Kustov, V.V.; Ždanov, A.M.; Juchnovskij, G.D.: K ocenke kombinirovannogo dejstvija složnych paro-gazovych smesej s pomošč'ju metoda častnoj regressii. Gig. Tr. i profess. Zabolev. **16** (1972), H. 10, 33–36.

Lange, F.H.: Über die Anwendung der Korrelationsanalyse in der Nachrichtentechnik. Nachrichtentechnik **6** (1956), 8–13.

Lange, F.H.: Korrelationselektronik. Berlin: Verl. Technik 1962.

Larionov, A.G.; Brojtman, A.Ja.: O kombinirovannom dejstvii 2,6-dimetilfenola i metanola. Gig. Tr. i profess. Zabolev. **19** (1975), H. 11, 27–30.

Linder, A.: Statistische Methoden. Basel, Stuttgart: Birkhäuser 1964 (Mathematische Reihe, Bd. 3).

Litchfield, J.T.; Wilcoxon, F.: A simplified method of evaluating doseeffect experiments. J. Pharmacol. exper. Therapeut. **96** (1949), 99–113.

Locker, A.: Zur Temperaturabhängigkeit des Stoffwechsels von Säugergeweben. Z. ges. exper. Med. **130** (1959), 396–404.

Loewe, S.: Die Mischarznei. Klin. Wochenschr. **6** (1927), 1077–1085.

Loewe, S.: Über Kombinationswirkungen (VIII). Naunyn Schmiedebergs Arch. Pharmakol. u. exper. Pathol. **120** (1927), 41–47.

Loewe, S.: Die quantitativen Probleme der Pharmakologie. Ergebn. Physiol. **27** (1928), 47–187.

Loewe, S.: The problem of synergism and antagonism of combined drugs. Arzneimittelforschung **3** (1953), 285–290.

Loewe, S.: Antagonism and antagonists. Pharmacol. Rev. **9** (1957), 237–242.

Loewe, S.: Randbemerkungen zur quantitativen Pharmakologie der Kombinationen. Arzneimittelforschung **9** (1959), 449–459.

Loewe, S.: Fragen zur Praxis der quantitativen Leistungsprüfung von Wirkstoffkombinationen. Arzneimittelforschung **11** (1961), 899–902.

Loewe, S.; Muischnek, H.: Über Kombinationswirkungen (I). Naunyn-Schmiedebergs Arch. Pharmakol. u. exper. Pathol. **114** (1926), 313–326.

Manninen, O.: Cardiovascular changes and hearing threshold shift in men under complex exposures to noise, whole body vibrations, temperatures and compention-type psychic load. Int. Arch. Occup. Environ. Health **56** (1985). S. 251–274.

Marienfeld, H.: Modelle für den „Regler Mensch" – ein Praktikumsversuch. In: Der Mensch als Regler. Berlin: Verl. Technik 1970, S. 19–42.

Mletzko, H.G.: Chronobiologische Oscillationen ausgewählter Parameter der weißen Ratte (Biorhythmik). Halle, Univ.: Dissertation B 1977.

Mletzko, H.G.: Chronobiologische Oscillationen ausgewählter Parameter der weißen Ratte (Biorhythmik). Z. ges. Hyg. **24** (1978), 74–75.

Mletzko, H.G.: Kombinierte Erfassung der diurnalen „inneren und äußeren Aktivität" von Kleinsäugern. Zool. Jahrb. Physiol. **83** (1979), 71–81.

Mletzko, H.G.; Henkel, W.: Tierexperimentelle Belastungsuntersuchungen mit Lärm und Acrylnitril unter chronobiologischem Aspekt. Z. ges. Hyg. **24** (1978), 515–518.

Mletzko, H.G.; Henkel, W.: Zeitreihenanalyse mit Hilfe der Cosinor-Methode. Wiss. Z. Martin-Luther-Univ. Halle-Wittenberg, Math.-naturwiss. R. **30** (1981), H. 2, 51–60.

Mletzko, H.G.; Henkel, W.; Tolksdorf, M.: Messung „Motorischer Aktivität" mittels induktiver Wegaufnehmer. Zool. Jahrb. Physiol. **79** (1975), 213–220.

Mletzko, H.G.; Henkel, W.; Orlick, M.: Zeitreihenanalyse mit Hilfe des Fourierspektrums, des Autokorrelogramms und des Leistungsdichtespektrums. Z. ges. Hyg. **26** (1980), 208–212.

Mletzko, H.G.; Mletzko, I.: Biorhythmik. Wittenberg: Ziemsen 1977.

Mletzko, H.G.; Mletzko, I.: Diurnal-Rhythmik des Gasstoffwechsels unter Lärmbelastung. Z. ges. Hyg. **24** (1978), 903–908.

Orlick, M.; Mletzko, H.G.: Auswertung biologischer Zeitreihen mittels Fourier- und Autokorrelationsanalyse. Biol. Rdsch. **13** (1975), 265–276.

Otto, H.; Peschel, M.: Anwendung statistischer Methoden in der Regelungstechnik. Berlin: Verl. Technik 1970.

Palmer, J.D.: An introduction to biological rhythms. New York: Academic Press 1976.

Pankow, D.; Ponsold, W.; Wagner, G.: Einfluß von Lärm auf die CO-induzierte Erhöhung der LAP- und GPT-Aktivität im Plasma von Ratten. Z. ges. Hyg. **20** (1974), 404–405.

Peschel, M.: Regelungen im menschlichen Organismus – eine Einführung. In: Der Mensch als Regler. Berlin: Verl. Technik 1970, S. 11–18.

Rasch, D.; Enderlein, G.; Herrendörfer, G.: Biometrie. Berlin: Dt. Landwirtschaftsverlag 1973.

Reinberg, A.; Halberg, F.: Circadian chronopharmacology. Ann. Rev. Pharmacol. **2** (1971), 455–492.

Reitnauer, P.G.: Randomisierung – Ideal oder Notbehelf? Z. med. Labortechnik **17** (1976), 203–208.

Rensing, L.: Ein circadianer Rhythmus der Empfindlichkeit gegen Röntgenstrahlen bei Drosophila. Z. vergl. Physiol. **62** (1969), 214–220.

Rentzsch, M.; Prescher, W.; Weinrich, W.: Kombinierte Wirkung ausgewählter Parameter von Klima und Lärm auf Arbeitsleistung und Beanspruchung. Z. gesamte Hyg. **32** (1986), S. 483–485.

Ritschel, W.A.: Angewandte Biopharmazie. Stuttgart: Wiss. Verlagsgesellsch. 1973.

Rublack, H.: Tierexperimentelle Untersuchungen über die Wirkungen extremer richtungsabhängiger Schwingungsbelastungen. Halle, Univ.: Dissertation A 1974.

Rublack, H.: Wirkungen mechanischer Schwingungen auf den Organismus. Z. ges. Hyg. **24** (1978), 649–666.

Rublack, H.; Henkel, W.: Kombinierte Wirkung von Cyclohexanon und Oxim. Experimentelle Ergebnisse. Z. ges. Hyg. **21** (1975), 538–540.

Rublack, H.; Henkel, W.: Kombinierte Wirkung von Cyclohexanon und Ganzkörperschwingungen. Tierexperimentelle Untersuchungen. Z. ges. Hyg. **24** (1978), 513–515.

Scheler, W.: Grundlagen der Allgemeinen Pharmakologie, 2., überarb. u. erweit. Aufl. Jena: Fischer 1980.

Scheving, L.E.; Halberg, F.; Pauly, J.E. (Hrsg.): Chronobiology. Stuttgart: Thieme 1974.

Schweizer, G.: Probleme und Methoden zur Untersuchung des Regelverhaltens des Menschen. In: Der Mensch als Regler. Berlin: Verl. Technik 1970, S. 159–238.

Sinicina, A.D.; Bondarev, G.I.: O kruglosutočnom sovmestnom vlijanii nizkočastotnoj vibracii i šuma na funkcional'noe sostojanie sistemy gipofiz-kora nadpočečnikov. Gig. Tr. i profess. Zabolev. **14** (1970), H. 7, 42–44.

Sinz, R.: Zeitstrukturen und organismische Regulation. Berlin: Akademie-Verl. 1978.

Sinz, R.: Chronopsychophysiologie. Berlin: Akademie-Verl. 1980 (Wiss. Taschenbücher R. Biologie; Bd. 217).

Sollberger, A.: Probleme der Steuerung biologischer Rhythmen. Naturwiss. Rdsch. **21** (1968), 277–289.

Solodownikow, W.W.: Grundlagen der selbsttätigen Regelung. Bd. 1. Berlin: Verl. Technik 1959.

Solodownikow, W.W.: Einführung in die statistische Dynamik linearer Regelsysteme. Berlin: Verl. Technik 1963.

Szadkowski, D.; Lehnert, G.: Ein Modell zur Toxizitätsprüfung von Schadstoffkombinationen. Arb.-Med., Soz.-Med., Präv.-Med. **14** (1979), 217–220.

Ther, L.: Grundlagen der experimentellen Arzneimittelforschung. Stuttgart: Wiss. Verlagsgesellsch. 1965.

Titova, N.N.: O kombinirovannom dejstvii toluilendiizocianata i ditolilmetana. Gig. Tr. i profess. Zabolev. **15** (1971), H. 9, 48–49.

Unbehauen, R.: Systemtheorie. Berlin: Akademie-Verl. 1980.

Weber, E.: Grundriß der biologischen Statistik. Jena: Fischer 1980.

Woschni, E.-G.: Meßdynamik. Leipzig: Hirzel 1964.

Zipf, H.F.: Praktische Gesichtspunkte für Kombinationsversuche mit zwei Stoffen. Arzneimittelforschung **3** (1953), 398–403.

Zipf, H.F.; Hamacher, J.: Kombinationseffekte. 1. Mitt.: Allgemeine Fragen der Kombinationsforschung. Arzneimittelforschung **15** (1965), 1267–1274.

Zipf, H.F.; Hamacher, J.: Kombinationseffekte. 2. Mitt.: Experimentelle Erfassung und Darstellung von Kombinationseffekten. Arzneimittelforschung **16** (1966), 329–339.

Zipf, H.F.; Hamacher, J.: Kombinationseffekte. 3. Mitt.: Spezielle Fragen der Kombinationsforschung bei antineuralgischen Mischpräparaten, sonstigen Kombinationspräparaten und bei Narkosekombinationen. Arzneimittelforschung **16** (1966), 1297–1304.

Zipf, H.F.; Philipsborn, H.v.: Das Raumdiagramm als Hilfsmittel bei der Untersuchung von Arzneikombinationen. Arzneimittelforschung **1** (1951), 199–205.

Zurmühl, R.: Praktische Mathematik für Ingenieure und Physiker. Berlin, Göttingen, Heidelberg: Springer 1963.

Zwiener, U.: Pathophysiologie neurovegetativer Regelungen und Rhythmen. Jena: Fischer 1976.

8. Sachverzeichnis